泄 洪 雾 化

Flood Discharge Atomization

刘之平　柳海涛　孙双科　夏庆福　著

黄 河 水 利 出 版 社

·郑州·

内 容 提 要

本书针对泄洪雾化的基本概念、物理特性及其研究方法进行了系统的介绍。主要内容包括：泄洪雾化的机制研究、泄洪雾化的原型观测、泄洪雾化规律的统计分析、泄洪雾化人工神经网络预报模型及其工程应用、挑流掺气水舌运动的数学模型、溅水区的随机喷溅数学模型、溅水试验分析与计算验证、随机溅水模型的工程应用实例、雨雾输运与扩散的数学模型、泄洪雾化数学模型的综合应用实例、雾化影响的评估方法与防护措施探讨等。

本书可供从事水电工程设计、科研、施工与管理，以及环境影响评估等工作的技术人员参考使用，也可作为土木、水利专业本科生、研究生的教学参考用书。

图书在版编目（CIP）数据

泄洪雾化/刘之平等著. —郑州：黄河水利出版社，2013.9

ISBN 978-7-5509-0510-8

Ⅰ.①泄… Ⅱ.①刘… Ⅲ.①泄水建筑物-雾化机理-研究 Ⅳ.①TV65

中国版本图书馆 CIP 数据核字（2013）第 156936 号

出 版 社：黄河水利出版社
地址：河南省郑州市顺河路黄委会综合楼 14 层　　邮政编码：450003
发行单位：黄河水利出版社
发行部电话：0371-66026940、66020550、66028024、0371-66022620（传真）
E-mail：hhslcbs@126.com
承印单位：河南新华印刷集团有限公司
开本：890 mm×1 240 mm　1／32
印张：7.875
字数：224 千字　　　　　　　　　　印数：1—1 000
版次：2013 年 9 月第 1 版　　　　　印次：2013 年 9 月第 1 次印刷
定价：22.00 元

前　言

　　水电站泄水过程中由于上下游落差将形成巨大的人工瀑布，所产生的喷射、激溅和雨雾（统称为泄洪雾化）将给下游带来一定影响。根据已有的原型观测资料，仅泄洪过程中形成的降雨强度已超过 1 000 mm/h，而自然降雨历史纪录鲜有超过 200 mm/h 者。雾化降雨如果超出河槽水垫进入岸边和建筑物布置区，会对水电站的安全运行及周围环境造成不同程度的影响。研究和预测泄洪雾化的影响范围及其降雨强度，对于下游岸坡防护、重要建筑物的布置设计及制订合理的泄水运行方式等都有重要的指导意义。随着人们环保意识的逐步提高，泄洪雾化作为环境问题也开始受到关注。目前，在建的各大中型工程均已开展了泄洪雾化预测研究。

　　本书针对挑流泄洪雾化的计算理论与模拟方法进行了深入研究和总结。全书共分为 13 章：第 1 章为绪论，简要介绍了泄洪雾化的工程背景、研究体系和方法，提出了本书的研究内容；第 2 章为泄洪雾化的机制研究，介绍了泄洪雾化的机制研究及基本理论，对前人的部分工作进行了阐述；第 3 章为泄洪雾化的原型观测，介绍了实际工程泄洪雾化观测情况，并对相关资料进行整理，以供研究参考；第 4 章为泄洪雾化规律的统计分析，从原型观测资料出发，提出了雾化纵向边界及其分布规律的经验分析方法，并给出了工程计算实例；第 5 章与第 6 章介绍了泄洪雾化的人工神经网络预报模型，针对泄洪雾化的特点，运用人工神经网络方法建立雾化神经网络预报模型，并成功应用于多个实际工程；第 7 章为挑流掺气水舌运动的数学模型，通过理论研究提出了水舌沿程掺气和扩散的数学模型，并运用相关的原型观测资料进行验证与分析，该模型对于形态较复杂的水舌有较好的适应性；第 8 章为溅水区的随机喷溅数学模型，介绍了一种模拟水滴随机喷射的拉格朗日数学模型，该模型考虑了喷射源形态、喷射历程、环境风场及下垫面地形对降雨强度分布的影响，其计算理论与技术方法对于类似问题的研究也有参考价值；第 9 章为溅水试验分析与计算验证，运用物理模型试验方法，对溅水分布规律进行了研究，同时对第 8 章中的溅水数学模型进行了验证；第 10 章为随机溅水模型的工程应用实例，由于其预测范围不受泄洪条件的制约，因此可作为人工神经网络模型的有益补充；第 11 章为雨雾输运与扩散的数学模型，介绍了模拟溅水区外围雾雨输运的三维有限元数学模型，通过理论分析建立含水浓度与降雨强度间的转换关系，可以同其他近区模型进行边界耦合计算；第 12 章为泄洪雾化数学模型的综合应用实例，综合运用上述数学模型，对实际工程泄洪雾化降雨分布进行了计算与验证；第 13 章为雾化影响的评估方法与防护措施探讨，在总结前人研究成果的基础上，提出了泄洪雾化分区的量化指标与防护原则，并结合工程实例进行了具体分析。

　　本书内容反映了作者近十年来在该领域的研究成果。本书在相关理论与方法的推导上，力求做到结构严谨、论据充分；在技术内容的撰写过程中，着重介绍自身的研究成果，力求做到言简意赅，疏密有别；在数学模型的验证与应用上，力求做到客观真实。书中尚存在问题与不足之处，敬请读者批评指正。

　　本书出版受到流域水循环模拟与调控国家重点实验室、国家重点基础研究发展规划"973"项目（2013CB036405）的资助，在此表示感谢。

作　者

2013 年 9 月

目　录

第1章 绪 论

1.1 泄洪雾化问题

我国水电资源居世界第一，目前其开发程度还远低于发达国家水平，截至 2008 年底，我国技术可开发水能资源利用率为 26%，而美国为 67.4%，法国为 96.9%，加拿大为 38.6%，日本为 66.6%。水电开发程度的高低将直接影响我国所承诺的非化石能源的比重，国家"十二五"规划中将大力开发水电放在了电力发展的首位。

从资源分布上看，我国水能资源大都位于西南高山峡谷地带，水电站泄水过程中由于上下游落差将形成巨大的人工瀑布，水舌入水所产生的喷射、激溅和雨雾将给下游带来一定影响。根据已建工程的泄洪雾化原型观测资料[1]，实际观测到的最大雾化降雨强度已经超过 1 000 mm/h，而自然降雨强度自有历史记录以来甚少超过 200 mm/h，可见雾化降雨强度之大。雾化降雨范围如果超出河槽水垫进入岸边和建筑物布置区，则会对水电站的安全运行及周围环境造成不同程度的影响[2-13]。如黄龙滩水电站，由于采用差动式鼻坎挑流消能，水舌入水点在厂房附近，泄洪时整个厂区被水雾笼罩，倾盆大雨产生地表径流致使厂房内积水，被迫停机，排水抢修，造成一定的经济损失；白山水电站，由于采用挑流消能，加之水垫过浅，造成水舌激溅并挟带石块，严重影响户外临时开关站的运行；柘溪水电站，曾因泄洪雾化严重影响到办公大楼及部分生活区，被迫将办公大楼迁往右岸下游。我国北方地区雨量相对较少，泄洪时水流雾化使得岸坡山体含水浓度突然增加，抗滑稳定性降低而产生滑坡，危及大坝与电站厂房的安全。如龙羊峡水电站就曾因雾化使岸边滑坡体加快了位移，不得不采取挖除和加固等工程措施。寒冷地区的水电站，经常受雾化结冰问题困扰，引起输电线路结冰下垂、岸坡失稳等问题。如李家峡水电站，在冬季泄洪时，由于昼夜温差变化导致岸坡雾化结冰冰层的反复冻融，最终导致部分山体发生滑坡。有的工程因考虑到雾化降雨对环境的影响，从而调整了泄水建筑物的消能方式。如建设中的向家坝水电站，因距坝趾下游不远处有一大型化工厂，该厂对空气湿度有较高要求，设计方面最终选择了底流消能方式。

因此，如何正确预测泄洪雾化的影响范围及其降雨强度，对工程枢纽布置、下游岸坡防护设计、重要建筑物防雾廊道的设计及泄洪运行方式等都有重要的指导意义。随着人们环保意识的逐步提高，泄洪雾化作为环境问题也开始受到关注。目前已建或在建的各大中型工程，如小湾、溪洛渡、向家坝、白鹤滩、乌东德、两河口、双江口、瀑布沟等水电站均开展了相关的研究。

1.2 泄洪雾化的研究内容

泄洪雾化是高水头泄水建筑物泄洪时必然引起的一种非自然降雨过程与水雾弥漫现象。雾化影响因素众多，包括泄水建筑物的体型及泄洪方式、上下游水位差、流量、入水流速与角度、下游水垫深度、下游地形、当地气象条件等都是有关联的影响因素，同时在时间上也有其随机性的一面。

工程雾化类型主要分为挑流泄洪雾化与底流泄洪雾化两种。挑流泄洪雾化过程可以概括如下：水流脱离泄流建筑物后，形成挑流水舌，由于其掺入大量的空气及在空中裂散、破碎，整体呈白色絮状；水舌入水后形成大范围、高强度的溅水；在入水点附近，形成狂风暴雨且能见度很低，在远区，雨雾不断向四周漂移、扩散。底流泄洪雾化过程可以概括如下：水流在溢流面沿程部分掺气、膨胀，在入水点处可通过水跃与下游水面衔接；在跃首处，水流紊动翻滚、水气强烈混掺，附近水体呈白色，表面伴有水团飞溅，溅水雾源呈线形分布；在水跃下游区域，波动依然强烈，气泡逐渐溢出、破裂，产生二次雾化；在外围区域，水雾随风飘移、扩散。

针对不同的泄洪运行条件，主要研究下面几种雾化情况：

（1）坝身孔口泄洪雾化。主要包括表孔泄洪雾化、中孔泄洪雾化及中表联合泄洪雾化等情况。其中，表孔泄洪雾化的纵向分布范围相对较短，但横向分布范围较宽，雾雨在两岸的爬升高度大；中孔泄洪雾化的纵向范围较长，横向分布较窄；当中表联合泄洪雾化时，情况较为复杂，由于中表孔水舌落点不同，雾化溅水源分布较广，预测难度加大，同时两者常通过全部或部分碰撞进行消能，又产生了二次雾化源，原型观测资料[3]表明，中表孔水舌空中碰撞引起的附加雾化影响不可忽略。

（2）泄洪洞和溢洪道泄洪雾化。主要包括单独泄洪、联合泄洪、出口体型、出口与河势夹角等情况。对于单独泄洪工况，由于其出坎前沿程掺气、扩散，在相同的流量下，雾化范围大于坝身泄洪。对于土石坝工程，岸边泄洪建筑物出口位置的确定必须考虑雾化的影响范围，以保证运行安全。当泄洪洞联合泄洪时，若各泄洪洞出口相距较远，雾雨分布相当于单独泄洪的线性叠加；若两者距离较近，上游泄洪雾雨对下游雾化产生明显影响，问题更为复杂。泄洪洞的出口体型对雾化的影响较大，当采用平面扩散坎时，下游雾化规模大于集中出流；而当采用窄缝出口时，雾化范围明显较小，对于减轻两岸雾雨强度有利。当泄洪洞出口与河谷交角较大时，雾流将沿对岸山坡爬升，且雨量集中，危害较大；反之，泄洪洞下游河形顺直或地势开阔，雾流扩散范围虽大，但强度较小。

（3）坝身孔口与岸边建筑物同时泄洪雾化。在实际工程中较为少见，其泄洪雾化极为复杂。考虑到电厂尾水波动、通航、发电效益等因素，两者雾化区域相距较远，一般不发生重叠，可以单独进行预报。

（4）底流、面流及戽流消能雾化。主要包括各种开启方式、出口体型、河谷地形条件下雾化分布形态。对于底流消能，当河谷狭窄时，溢流前缘宽度有限，泄洪时单宽流量大，雾化问题较为严重；而当河谷宽阔时，主要雾化区域位于河道内，此时开启河中溢流孔口泄洪，两岸所受雾化影响较小。当消力池内水位较低时，底流流态转化为面流或戽流，雾源形态由线源转变为面源，雾化范围将有所增大。工程设计中，为改善消力池内流态，提高消能效果，溢流面表孔常采用宽尾墩、窄缝等出口形式，这相当于增加了水流入水前缘的长度，同时增大了水流与水面的紊动碰撞，雾化强度与规模将明显增大。

从雾化的强度与规模上看，底流消能由于固壁的约束及水跃的形成，水流入水通道相对稳定，碰撞激溅较弱，所引起的雾化比较轻微，而挑流消能所形成的雾化则往往比较严重。本书着重介绍挑流泄洪所引起的雾化。

1.3 泄洪雾化的研究方法

泄洪雾化的研究体系如图 1-1 所示。从泄洪雾化水流到形成雾化降雨，经历了复杂的发展变化过程，每一阶段的水气组分及其运动形态各不相同，为便于研究，一般可分为水舌区、溅水区、雾雨区三个阶段。对于空中水舌的雾化研究，主要依靠水工水力学、流体力学方面的专业知识，采用水工模型试验、数学分析、两相流数学模型等方法；对于溅水区的雾化研究，主要应用流体力学、概率论与数理统计等方面的理论，研究手段包括溅水模型试验、数学分析、水滴随机喷溅模型等方法；在外围的雾雨区，一般借鉴气象学、空气动力学中的部分理论，采用水雾对流扩散数学模型、风洞试验等方法。另外，在实际工程雾化问题的研究中，还可以利用已建工程泄洪雾化原型观测资料，运用统计分析与类比、人工神经网络等方法，直接预测雾化降雨强度的范围和分布。

目前，雾化问题的研究方法大体上可分为原型观测、物理模型模拟、理论分析计算及交叉学科的相关理论等方法。

原型观测是我国研究泄洪雾化的重要手段之一，近 30 年来，我国对许多已建工程进行了系统的雾化原型观测，在雾化基本形态、影响因素及防护设计方面取得了一些共性的认识，也为相关的理论研究积累了验证资料。原型观测过程中，由于受测量手段与现场条件的限制，降雨强度分布难以准确获得，如暴雨区内雨滴的斜向飞行，使得雨量筒的方向对雨强测值影响较大；在河道中央区域，因条件恶劣而无法观测等。另外，雾化原型观测虽然最为直观，但只能对已建工程开展研究，如何对在建和拟建工程进行雾化预报，也是设计者更为关注的问题。

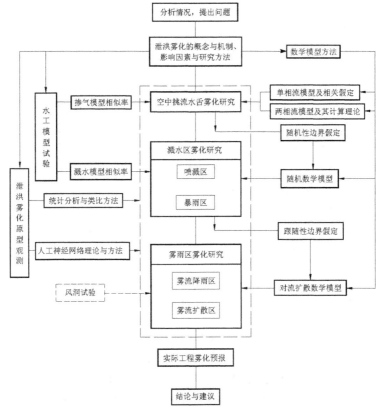

图 1-1 泄洪雾化的研究体系

物理模型试验方法避免了原型观测中受时间和现场条件限制等缺点，可以进行重复试验。该方法将水工模型和雾化模型合二为一，需要同时满足重力相似准则与雾化相似准则，为此需要采用大比尺模型。然而，尽管模型比尺已有达到 1:30 者，但其最大流速仍在 10 m/s 量级，与 40 m/s 以上的原型流速存在很大差距，造成模型在水舌裂散程度、喷射高度、雨强分布及风速等方面与实际工程有较大差异。因此，雾化模型率的取值问题尚需深入研究。

数学模型方法通常是在引入一系列假定的基础上，通过对雾化现象进行概化，再根据水力学、计算流体力学的理论及随机理论等建立起计算模型，用于泄洪雾化的预测。数学模型的求解要经过大量的计算，一些物理过程仍然难以完全模拟，且计算模式容错性差，采用现有的两相流模型还无法从整体上求解如此庞大的三维计算问题。目前的研究多处于探索阶段，尚未形成一套完整可靠的计算模型。

实际工程中为及时满足设计需要，国内学者通过对原型观测资料的统计分析，采用量纲分析方法，建立了估算雾化强度与纵向边界的经验关系式，通过工程类比的方法进行雾化预报。近些年来，人工神经网络与模糊算法等理论方法在水利工程中得到了广泛应用，为泄洪雾化的预测与评估提供了新的研究手段。通过对原型观测资料的学习，神经网络模型可以较好地预测出雾化降雨强度的平面分布规律。

就目前泄洪雾化问题的研究方法而言，无论是物理模拟试验、理论分析计算或是其他基于原型观测资料的预测方法都还存在一些难点与不足，因此解决这一难题，需要综合运用以上多种方法。

1.4　本书概要

本书主要介绍了作者在泄洪雾化计算理论与模拟方法方面的研究成果。全书共分为 13 章。第 1 章为绪论，简要介绍了雾化问题的工程背景，雾化的基本概念、研究体系和方法。第 2 章综合介绍了泄洪雾化的机制研究。第 3 章介绍了实际工程泄洪雾化观测情况，并对相关的资料进行分析与整理，以供参考。第 4 章，从原型观测资料出发，运用统计分析方法研究了雾化分布的基本规律，并给出了工程应用实例。第 5 章与第 6 章介绍了一种泄洪雾化的人工神经网络预报模型，该模型首次实现了泄洪雾化的全场预报，并成功应用于多个实际工程。第 7 章介绍了水流掺气机制与水舌运动计算理论，开发了水舌掺气和扩散的数学模型，该模型对于形态较复杂的水舌有较好的适应性，可为水舌风场及下游溅水计算提供边界条件。第 8 章介绍了一种模拟水滴随机喷射的拉格朗日数学模型，该模型严格考虑了喷射源形态、喷射历程对降雨强度分布的影响；通过使用神经网络模块，可计入环境风场及下垫面形态的影响，其计算理论与技术方法对于类似问题的研究也有借鉴价值。第 9 章介绍了溅水过程的物理模型试验方法，对溅水分布规律进行了试验研究，并对第 8 章中溅水数学模型进行了验证。第 10 章给出了随机溅水模型的工程应用实例，由于其预测范围不受泄洪条件的制约，因此可作为神经网络模型的有益补充。第 11 章介绍了雨雾输运的三维有限元模型，该模型通过求解浓度梯度向量来解决强对流问题，采用节点指针数组极大地压缩运算存储量，并采用隐式迭代方法保证计算的稳定性；通过雨滴谱分析建立含水浓度与降雨强度间的转换关系，使模型具有较好的适应性。第 12 章综合运用第 7~11 章中的数学模型，求解实际工程的泄洪水舌形态、周围风场、溅水分布及雾化降雨分布规律，计算结果与原型观测数据相一致。第 13 章在总结已有研究成果的基础上，给出了泄洪雾化分区的量化指标与防护原则，结合实际工程进行雾化计算分析，提出具体的减免措施和防护建议。

参 考 文 献

[1] 陈惠玲，李定方.泄洪雾化的雨和雾研究[C]//第十六届全国水动力学研讨会论文集.北京：海洋出版社，2002.

[2] 潘家铮，何璟.中国大坝 50 年[M].北京：中国水利水电出版社.2000.

[3] 刘之平，刘继广，郭军.二滩水电站高双曲拱坝泄洪雾化原型观测报告[R].北京：中国水利水电科学研究院，2000.

[4] 苏建明，李浩然.二滩水电站泄洪雾化对下游边坡的影响[J].水文地质工程地质，2002(2).

[5] 向光红.枸皮滩水电站泄洪雾化及防护研究[J].贵州水力发电，2005，19(2).

[6] 李璨.龙羊峡水电站挑流水雾诱发滑坡问题[J].大坝与安全，2001(3).

[7] 刘宣烈，安刚.二滩水电站泄洪雾化研究及其对工程影响分析[R].天津：天津大学，1989.

[8] 梁在潮.水利枢纽中雾化流的模拟与防范[J].武汉大学学报，2001，34(3).

[9] 童显武.中国水工水力学的发展综述[J].水力发电，2004，30(1).

[10] 刘士和.高速水流[M].北京：科学出版社，2005.

[11] 薛联芳，等.金沙江向家坝水电站泄洪消能雾化环境影响及对策措施研究专

题报告[R].湖南：国家电力公司中南勘测设计研究院，2005.

[12] 吴福生，程和森，李樟苏，等.高坝泄流雾化环境污染原体观测研究[J].水科学进展，1997，8(2).

[13] 孔彩粉，廖忠刚，耿丽，等.小浪底工程泄洪雾化影响及其防护[J].华北水利水电学院学报，1999，20(2).

第2章 泄洪雾化的机制研究

从目前国内外有关喷射与雾化的研究情况看,国外相关的研究主要是针对水流掺气机制或粒子喷射特性的试验与计算分析,对于水利工程的大规模泄洪雾化,甚少有相关的报道。我国在这方面的研究成果则较多,这与我国水电工程水头高、流量大、雾化问题更加突出有密切关系。早在20世纪六七十年代,泄洪雾化问题就开始受到关注,但实质性的研究工作是在近二三十年间开始的。近十多年来,中国水利水电科学研究院、武汉大学、天津大学、南京水利科学研究院等单位的有关专家在这一领域均取得了较好的研究成果,在一定程度上加深了对泄洪雾化现象及其物理过程的认识与理解,也大大提升了工程界与学术界对高坝泄洪雾化问题的重视程度。

2.1 泄洪雾化的物理过程

根据泄洪雾化的物理特性,可将泄洪雾化过程分为3个主要部分:一是水舌区,为水舌的沿程掺气与裂散,范围包括水舌出口至入水之前;二是溅水区,为水舌入水激溅与下游水体紊动喷射所引起的雾化降雨,范围包括水舌落点附近的喷溅区和暴雨区,溅水区前部的水体升腾高度与水舌最高点相当,是下游雾雨的主要来源;三是雾雨区,在水舌风与自然风场的作用下,外围雨雾在河谷内的沉降运动与对流扩散,范围包括溅水区两侧与下游的雾流降雨区与扩散区。挑流泄洪雾化分区示意图如图2-1所示。

水舌雾化过程包括掺气与裂散两种变化:

(1)自由表面紊动引起的掺气与膨胀。水舌一旦脱离固壁进入空气,暴露在表面的涡团会迅速卷入空气,同时同等尺度的水团离开表面进入空气,由此形成水气掺混带,随着混合层厚度的不断增大,水气交

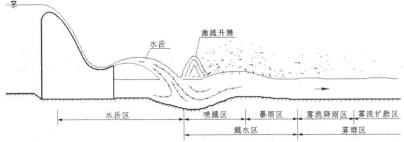

图 2-1　挑流泄洪雾化分区示意图

换面向水舌内部扩展，水舌断面逐渐膨胀。

（2）掺气水舌本身的裂散。水舌在运动过程中，由于空气阻力的作用，大的水团被撕裂散成更小的水滴，水舌表面小水滴的比重逐渐增加，入水时的水气掺混更加均匀。

水舌入水激溅主要源自于外层水体与下游水面的碰撞。当水舌入水时，根据其断面掺气浓度的分布，可分为三个部分[1]：第一部分是核心区水股，该区内水相为主相，在形成稳定通道后，可以连同所掺空气一起潜入水下；第二部分是水核区外围的水气混合层，主要以不连续的水团与水滴撞击水面，由此产生巨大的溅水，如二滩水电站 1# 泄洪洞泄洪时，水舌入水点下游形成明显的雾雨升腾，喷溅高度与水舌最高点齐平；第三部分是水舌最外部的气水混合区，主要以水滴与雾滴形式存在，不参与入水激溅，在气流作用下向四周喷射。

水舌入水的激溅强度与分布，与水舌的入射形态、速度及角度有关，溅起的雨滴均具有一定的初速度和出射角，做类似刚体抛射运动。与此同时，入水点附近水面强烈紊动、逸出气泡的破裂以及水舌外围的裂散水滴，也会产生部分附加降水。上述雾源共同构成了溅水区。

溅水区外围，气水比增加，水滴在空气的作用下裂散成更小的雾滴，水、气间的相间作用以风场对水滴的拖曳作用为主。后者在水舌风与自然风作用下，沿着河谷做纵向和横向的对流扩散运动，形成分布范围更广的雾雨区。该区域内雨雾分布形态与范围开始受到当地温度、湿度的影响，当雨雾浓度低于某一临界值时，水滴将转化为气态消失，由此形成最终的雾化可见边界。

从能量的角度看，水舌在空中掺气裂散所形成的雾化，其源动力为紊动动能，雾化强度相对较低；而水舌入水激溅所形成的雾化，由于其源动力来自时均动能与紊动动能，其雾化更为强烈，因而是雾化的主要源项。

2.2 掺气水舌运动特性

2.2.1 自由水面掺气的基本理论

2.2.1.1 自由水面掺气理论

目前，关于水舌表面掺气机制有几种不同的解释，如表面波破碎理论、涡体动力平衡理论、紊动强度理论等。表面波破碎理论是指水气界面上由于切向速度差导致水面波动，当水面波破碎时将卷入空气，如海面波浪破碎等；涡体动力平衡理论是指水体表面涡体的紊动动能大于表面张力与内外压差所做的功时，将有部分涡体离开水体，同时部分空气被吸卷所形成的掺气水流，如泄洪洞底部掺气、溢流面水流自掺气等；紊动强度理论是指自由水面紊动达到一定强度时，才能在水气交界面上发生掺混。事实上，从以上三种理论出发，均可导出空中射流掺气临界速度 u 为 6.9 ~ 7.5 m/s[2]，该值较现行条件 $u > 6.0$ m/s 略有提高。对此，作者认为，实际工程的空中射流，在出射前固壁边界层已沿程发展，出射后自由表面紊动强烈，在水舌平均速度为 6 m/s 左右时，其表面开始掺气。

2.2.1.2 高速水流的紊动特性

水舌表面掺气特性与其紊动特性有关。水流紊动特性主要包括紊动强度、紊动流速、紊动尺度及摩阻流速等。从目前的研究结果来看，水流纵向紊动强度约为 0.07，横向紊动强度约为 0.034，后者约为前者的 1/2，即重力对横向紊动有抑制作用；从紊动流速的绝对值来看，试验条件下纵向紊动流速为摩阻流速的 1 ~ 3 倍，横向紊动流速则为摩阻流速的 0.6 ~ 1.0 倍[3]。

高速水流的掺气特性主要指自大气通过水气界面进入水体的掺气速度与气泡尺度。研究表明[4]，空中水舌自由表面的掺气速度，与横向紊动速度呈正比，与表面张力及内外负压差呈反比；掺气气泡的尺度与紊动特征尺度正相关，后者为水流摩阻流速、水力半径及运动黏滞系数的函数。

从定量分析的角度看，涡体动力平衡理论与紊动强度理论可以较好地描述空中水舌的表面掺气特性，由紊动流速与紊动特征尺度可以获知，涡体的脉动速度与气泡的大小，然后通过涡体动力平衡分析进一步得到掺气速率。

2.2.2　水舌的扩散与掺气

挑流水舌沿程扩散规律的研究可以追溯到 20 世纪 50 年代，如郭可诠[5]通过研究断面单位流量分布，取其均方差的 5 倍作为水舌的厚度，并得出水舌厚度的变化规律：

$$h / h_0 = 1 + (1 / 20)s / h_0 \tag{2-1}$$

式中：h_0 为出口水深；h 为扩散后水舌厚度；s 为曲线距离。

张文周[6]等人通过物理模型试验，分别得到了平射与任一挑角下的水舌厚度的沿程变化公式：

$$h / h_0 = 1 + (0.38 + 0.014\,4\theta_0 / 180°)s / h_0 \tag{2-2}$$

式中：θ_0 为初始挑角。

进入 20 世纪 70 年代后，国内外学者陆续对立面二维水舌的沿程掺气以及厚度变化进行了研究。姜信和等的研究成果表明[7]，水舌厚度的沿程变化除同距离、初始厚度有关外，还与水舌的 Fr 数有关。梁在潮等[8]分析了水舌沿程掺气对水舌扩散的影响，建立了断面平均掺气浓度 $\overline{C}$ 与断面实际厚度间的关系式：

$$\overline{C} = 1 - h / h_u \tag{2-3}$$

$$h = \frac{Q_0}{u(b_0 + 2x\tan 2°40')} \tag{2-4}$$

式中：h_u 为水舌实际厚度；h 为断面未掺气厚度；u 为断面平均流速；Q_0 为水舌流量；b_0 为水舌断面横向宽度；x 为水舌运动曲线距离。

梁在潮通过水槽试验，建立了断面掺气浓度与断面 Fr 间的关系：

$$\overline{C} = \frac{1}{kFr^{1.5} - 2} \tag{2-5}$$

式中：$k = 0.112 \sim 0.126\,8$，$Fr > 10$。

1988 年，刘宣烈、刘钧等[9-10]借助大比尺水工模型，针对跌坎水舌宽度与厚度的沿程变化等规律，建立了经验关系式：

$$
\left.
\begin{aligned}
b/b_0 &= 1 + [0.42Fr_0(b_0/h_0)^{-3} - 0.003\ 2]s/h_0 \\
h/h_0 &= 1 + 0.02s/h_0 \qquad\qquad (s/h_0 < 5) \\
h/h_0 &= 1.1\exp[k_1(s/h_0 - 5)^n] \qquad (s/h_0 \geqslant 5)
\end{aligned}
\right\}
\qquad (2\text{-}6)
$$

式中：$k_1 = (0.264Fr_0 - 0.555)/(b_0/h_0)$，$n = 0.97(b_0/h_0)^{-0.321}$。

根据式（2-5）与式（2-6）可知，后者隐含了断面掺气浓度对水舌断面尺度的影响。

与此同时，国外 Chanson 等人对水射流扩散特性进行了研究[11]。对于平面二维水舌，其扩散角度 $\varPsi$ 可以表示为 $\varPsi = 0.698V_0^{0.630}$，其中 V_0 为射流出口平均速度。对于均匀圆形水射流，其扩散角度取决于孔口直径与初始紊动特性，其扩散角度的估算式为 $\varPsi = 0.028\ 84V_0$；当圆形水射流充分发展时，扩散角约为 4.5°。

1994 年吴持恭[12]用水相紊动扩散方程和自模性理论研究了二维和三维空中自由射流的断面含水分布。

对于立面二维自由射流，断面含水浓度基本呈对称分布，并且其分布满足如下关系式：

$$
C = C_m \exp\left[-\pi\left(\frac{2\xi}{h}\right)^2\right] \qquad (2\text{-}7)
$$

$$
C_m = \frac{\overline{C}}{0.494} \qquad (2\text{-}8)
$$

式中：C 为断面任一点的含水浓度；$\overline{C}$ 为断面平均浓度；C_m 为断面浓度最大值；ξ 为该点距浓度最大值的横向距离；h 为射流厚度。

对于三维空中自由射流，断面含水浓度分布则满足如下关系式：

$$
C = C_m \exp\left\{-\pi\left[(2\xi/h)^2 + (2\eta/b)^2\right]\right\} \qquad (2\text{-}9)
$$

式中：ξ、η 分别为断面任一点相对于浓度最大值的垂向和横向坐标；b 为射流宽度。

相对而言，吴持恭的成果理论依据较强且经验假定较小，适用于充分发展的掺气水流或水舌外缘的水气混合区。

2.2.3 空中水舌的运动规律

对于雾化水流中的水舌计算，其主要目的除确定水舌挑距外，还需要计算确定水舌的运动轨迹、断面形态和含水浓度分布等特征量。

2003 年，张华等[13]在前人研究的基础上，运用牛顿第二定律，建立单宽水舌的运动微分方程组，并采用刘宣烈等得出的有关断面 Fr 与掺气量之间的经验关系[10]，建立闭合方程组。然后采用相关的水舌断面尺寸与断面 Fr 数间经验关系[14]，求出水舌的宽度、厚度及掺气浓度的沿程变化。2004 年，刘士和等[15]将水舌整个断面概化为矩形，进行受力分析，同时考虑水舌对空气的卷吸作用，建立动量方程组，并同水量连续方程及相关掺气浓度的经验公式联立求解，得到水舌的空中轨迹、速度、断面平均含水浓度沿程变化规律和含水浓度的断面分布。下面以刘士和的研究成果为例，对挑流水舌的数学模型基本方法进行介绍。

掺气裂散射流数学模型采用正交曲线坐标系来描述挑流水舌的运动，以水舌轴线为纵向坐标轴 x 建立自然坐标系，并以 y 表示垂向坐标。模型采用如下的简化与假定：

（1）考虑到挑流水舌出挑坎的初始 Fr 很大，水舌轴线的曲率半径 R 也相对很大，以至于水舌的垂向半厚 H 满足 $H/R \ll 1$，从而在一阶近似的条件下可忽略曲率的影响。

（2）平面充分掺气裂散射流的时均流速与含水浓度的断面分布存在相似性。根据式（2-7），断面含水浓度和流速的分布符合如下公式：

$$\frac{\beta}{\beta_{\mathrm{m}}} = \exp\left[-\pi\left(\frac{y}{H}\right)^2\right] \qquad （2\text{-}10）$$

$$\frac{u}{u_{\mathrm{m}}} = \exp\left[-\alpha_2\left(\frac{y}{H}\right)^2\right] \qquad （2\text{-}11）$$

式中：α_2 为经验系数；u、u_{m} 分别为断面纵向平均流速值及其最大值；β、β_{m} 分别为断面平均含水量及其最大值；y 为垂向坐标；H 为水舌半厚。

（3）射流外缘单位长度上的卷吸质量流量 q_{c}^* 为

$$q_{\mathrm{c}}^* = \alpha_1 \rho_{\mathrm{a}} u_{\mathrm{m}} \qquad （2\text{-}12）$$

式中：α_1 为卷吸系数；ρ_a 为周围空气的密度。

（4）射流外缘单位长度上的空气阻力 F^* 为

$$F^* = 0.5C_f\rho_w u_m^2 \tag{2-13}$$

式中：C_f 为空气阻力系数；ρ_w 为水的密度。

在上述简化和假设下，可以得到平面充分掺气裂散射流的控制方程：

（1）水量守恒方程

$$\frac{\mathrm{d}}{\mathrm{d}x}\int_{-\infty}^{+\infty} u\beta\mathrm{d}y = 0 \tag{2-14}$$

（2）水气两相连续方程

$$\frac{\mathrm{d}}{\mathrm{d}x}\int_{-H}^{+H} \rho u\mathrm{d}y = 2\alpha_1\rho_a u_m \tag{2-15}$$

（3）水平方向动量方程

$$\frac{\mathrm{d}}{\mathrm{d}x}\int_{-H}^{+H} \rho u^2\cos\theta\mathrm{d}y = -C_f\rho_w u_m^2\cos\theta \tag{2-16}$$

（4）垂直方向动量方程

$$\frac{\mathrm{d}}{\mathrm{d}x}\int_{-H}^{+H} \rho u^2\sin\theta\mathrm{d}y = -C_f\rho_w u_m^2\sin\theta + \int_{-H}^{+H}(\rho_a-\rho)g\mathrm{d}y \tag{2-17}$$

（5）射流轴线上的几何关系

$$\left.\begin{array}{l} \dfrac{\mathrm{d}X}{\mathrm{d}x} = \cos\theta \\[2mm] \dfrac{\mathrm{d}X}{\mathrm{d}y} = \sin\theta \end{array}\right\} \tag{2-18}$$

式中：$\rho = \rho_w\beta + \rho_a(1-\beta)$，为射流掺气后的密度；$x = \sqrt{X^2+Y^2}$，$X$ 和 Y 为射流轴线的直角分量。

将式（2-10）和式（2-11）代入式（2-14）~式（2-17），即可得到一组封闭的方程组。采用四阶龙格－库塔法求解该微分方程组，对于各方程的左端项积分采用数值积分方法求解。这样在一定的上游边界条件下，可得到掺气裂散射流的各特征量随纵向坐标 x 的变化，计算的终止条件取下游水位对应的相对高度 Y_0。

上述计算方法仅对于平面扩散的二维水舌有效，对于扭曲挑坎、窄缝挑坎等形成的三维水舌的计算则需要进一步研究，具体方法参见本书

第7章内容。

2.2.4　水舌的空中碰撞

对于两股水舌的平面碰撞问题，刘士和[16]给出了碰撞段的水量守恒方程、水气两相流连续方程和动量方程，联立求解碰撞后水舌的流速、厚度和含水量。

对于上下两股水舌完全碰撞的情况，假定碰撞前上下层水舌的单宽流量、入射角、厚度、流速及含水浓度分别记为 q_1、q_2、β_1、β_2、h_1、h_2、u_1、u_2、C_1、C_2，碰撞混合后水舌的单宽流量、入射角、厚度、流速及平均含水浓度分别记为 q_3、β_3、h_3、u_3、C_3，则在碰撞点处取相应的控制体进行分析，建立流体力学动量方程与连续方程，并忽略碰撞瞬间的重力、阻力和空气浮力的作用，得到碰撞前后上述变量的关系式：

$$\tan\beta_3 = \frac{q_1 u_1 \sin\beta_1 - q_2 u_2 \sin\beta_2}{q_1 u_1 \cos\beta_1 + q_2 u_2 \cos\beta_2} \qquad (2\text{-}19)$$

$$u_3 = \frac{q_1 u_1 \cos\beta_1 + q_2 u_2 \cos\beta_2}{(q_1 + q_2)\cos\beta_3} \qquad (2\text{-}20)$$

$$h_3 = \frac{u_1 h_1 + u_2 h_2}{u_3} \qquad (2\text{-}21)$$

$$C_3 = \frac{q_1 + q_2}{u_3 h_3} \qquad (2\text{-}22)$$

式中：单宽流量满足 $q_i = C_i u_i h_i$，$i = 1 \sim 3$。

对于两股水舌左右完全碰撞的情况，孙建等的研究成果表明，碰撞后的合成水舌的水力特性可以采用下式计算：

$$u_3 = \frac{\sqrt{J_x^2 + J_y^2 + J_z^2}}{q_3^2} \qquad (2\text{-}23)$$

$$\sin\alpha_3 = \frac{J_z}{\sqrt{J_x^2 + J_y^2 + J_z^2}} \qquad (2\text{-}24)$$

$$\tan\beta_3 = \frac{J_y}{J_x} \qquad (2\text{-}25)$$

$$C_3 = \frac{q_1 + q_2}{u_3 b_3} \qquad (2\text{-}26)$$

$$J_x = q_1 u_1 b_1 \cos \alpha_1 \cos \beta_1 + q_2 u_2 b_2 \cos \alpha_2 \cos \beta_2$$
$$J_y = q_1 u_1 b_1 \cos \alpha_1 \sin \beta_1 + q_2 u_2 b_2 \cos \alpha_2 \sin \beta_2$$
$$J_z = q_1 u_1 b_1 \sin \alpha_1 + q_2 u_2 b_2 \sin \alpha_2$$

式中：J_x、J_y、J_z 为水舌碰撞前两股水舌在三个方向的合成动量；α、β 分别为碰撞前后水舌的立面角和平面方位角；b_3 为两股水舌的纵向碰撞宽度。

这样，运用前述的水舌运动数学模型或经验公式，可得出碰撞前后水舌的边界条件，进而完成合成水舌的运动计算。

2.3 水舌入水喷溅特性

2.3.1 喷溅速度与喷溅范围

水舌入水时，外围裂散水团不能完全进入下游水体，其中大部分以溅射的形式向四周抛射，为此许多学者对溅水的机制开展研究。1986 年，梁在潮[17]通过对多种条件下的溅水特性进行研究，并通过试验验证得出了溅水范围的表达式：

纵向范围 $\quad L = \dfrac{u_0 \cos \beta}{g} \left[(u - u_0 \cos \beta) \sin \beta + \sqrt{7.143 g u_0 \sin \beta} \right]$　（2-27）

横向范围 $\qquad\qquad B = \dfrac{0.77 u_0^2 \cos \beta}{g}$ （2-28）

水团反弹溅射初速度 $\qquad u_0 = 0.775 \dfrac{\cos \alpha}{\cos \beta} u_e$ （2-29）

水舌风速 $\qquad\qquad u = \dfrac{1}{3} u_e$ （2-30）

式中：u_e、u_0、u、α、β 分别为水舌入水速度、溅射速度、风速、入水角与溅射角度。

1989 年，刘宣烈[18]通过物理模型试验，对不同入射速度和入水角下的喷溅现象进行研究，得到了溅水出射速度 u_0、出射角 β 的重值表达式：

$$u_0 = 20 + 0.495 u_e - 0.1 \alpha - 0.000\,8 \alpha^2$$　（2-31）

$$\beta = 44 + 0.32 u_e - 0.07 \alpha$$　（2-32）

在上述研究的基础上，分别得到了重力与风场作用下的喷溅范围表达式。在无风条件下，水舌入水喷溅纵向长度：

$$L = \frac{1}{k}\ln\left[1 + 2u_0\sqrt{\frac{k}{g}}\cos\beta\arctan\left(u_0\sqrt{\frac{k}{g}}\sin\beta\right)\right] \quad （2\text{-}33）$$

水舌入水喷溅横向宽度：

$$B = \frac{2}{k}\ln\left[1 + 2u_0\sqrt{\frac{k}{g}}\cos\beta\sin\omega\arctan\left(u_0\sqrt{\frac{k}{g}}\sin\beta\right)\right] \quad （2\text{-}34）$$

在水舌风 u_w 作用下，水舌入水喷溅纵向长度：

$$L = \frac{2u_w}{\sqrt{kg}}\arctan\left(u_0\sqrt{\frac{k}{g}}\sin\beta\right) + \frac{1}{k}\ln\left[1 + 2\sqrt{\frac{k}{g}}(u_0\cos\beta - u_w)\arctan\left(u_0\sqrt{\frac{k}{g}}\sin\beta\right)\right]$$

$$（2\text{-}35）$$

水舌入水喷溅横向宽度：

$$B = \frac{2}{k}\ln\left[1 + 2u_0\sqrt{\frac{k}{g}}\cos\beta\sin\omega\arctan\left(u_0\sqrt{\frac{k}{g}}\sin\beta\right)\right] \quad （2\text{-}36）$$

式中：$k = \dfrac{\rho_a C_f}{\rho_w d}$，$C_f$ 为空气阻力系数，d 为水滴直径；ω 为水滴喷溅平面偏转角度。

2000 年，梁在潮[1]在考虑重力、浮力、空气阻力和水舌风作用下，假定水滴形态保持稳定，得到了新的溅水纵向长度表达式：

$$L = \frac{u_w}{M}\arctan W - \frac{1}{k_1}\ln\left[F(u - u_e\cos\beta)\arctan W + 1\right] \quad （2\text{-}37）$$

喷溅最大横向宽度：

$$B = \frac{2}{k_1}\ln\left\{\frac{u_0\cos\beta\cos\omega\sin\omega}{N}\arctan\left[\left(\frac{2Mu_0\sin\beta\cos\omega}{k_2 g - k_1 u_0^2\sin^2\beta\cos^2\omega}\right) + 1\right]\right\} \quad （2\text{-}38）$$

式中：u_w 为水舌风速；$M = \sqrt{k_1 k_2 g}$，$k_1 = 3\rho_a C_f/(8\rho_w d)$，$k_2 = 1 - \rho_a/\rho_w$；$W = \dfrac{2\sqrt{k_1 k_2}u_m\sin\beta}{k_2 g - k_1 u_m^2\sin^2\beta}$；$F = \sqrt{k_1/(k_2 g)}$；$N = \sqrt{k_2 g/k_1}$；$\omega$ 为水滴喷溅平面偏转角度。

上述成果有助于了解喷溅机制与喷溅范围，但其表达式较为复杂，且其经验系数大多通过模型试验获得，能够适用于实际工程雾化问题尚待深入研究。

2.3.2 溅水强度分布规律

段红东等通过物理模型试验,指出溅水降雨强度的纵向分布应符合如下规律[19]:

$$\frac{P}{P_{m}} = C_{1}\left(\frac{x}{L_{m}}\right)^{a}\exp\left(-b\frac{x}{L_{m}}\right) \tag{2-39}$$

式中:x 为纵向距离,cm;P_{m} 为降雨强度峰值,mm/h;L_{m} 为溅水区纵向长度,cm;C_{1}、a、b 为经验常数。

由于激溅水滴的出射流速、出射角度及粒径等条件具有很大的随机性,因此溅水区内降雨强度分布和边界实际上应具有统计平均意义。为此,张华、段红东[20-22]等根据水舌随机喷射条件,通过建立水滴运动的力学方程组,求解水滴运动轨迹,得到地面上每个微小区域内降雨强度的数学期望值。

在其计算模型中,对于喷溅的初始条件做了如下随机假定:

(1)水滴初始抛射速度 u 满足 Γ 分布,概率密度分布函数为

$$f(u) = \frac{1}{b^{a}\Gamma(a)}u^{a-1}e^{-\frac{u}{b}} \tag{2-40}$$

式中:$a = 4$;$b = 0.25\bar{u}$;$\bar{u}$ 为 u 的重值。

(2)水滴立面出射角恒等于出射角 β 的重值,即 $\beta = \beta_{m}$。

(3)水滴的偏移角 Φ 满足正态分布:

$$f(\Phi) = \frac{1}{\sigma\sqrt{2\pi}}\exp\left[-\frac{(\Phi-\mu)^{2}}{2\sigma^{2}}\right] \tag{2-41}$$

式中:$\mu = 0° \sim 5°$;$\sigma = 20° \sim 30°$。

(4)水滴直径满足 Γ 分布:

$$f(d) = \frac{1}{\lambda^{a}\Gamma(\alpha)}d^{\alpha-1}\exp\left(-\frac{d}{\lambda}\right) \tag{2-42}$$

式中:$\alpha = 2, \lambda = 0.5\bar{d}$。

在上述假定中,对于出射角的定义值得商榷,事实上,水滴立面出射角应当在 $0° \sim 90°$,横向偏移角的最大范围应不超过 $90°$。对此,作者认为,对于立面出射角应当采用 Γ 分布函数,且密度函数的自变量应当采

用正切函数。

水滴飞行的终止条件一般定义为水滴到达下游水面高程为止,但当下游河道及两岸地形为一空间曲面,如何确定其终止条件,尚未提及;另外,当水舌入水形态复杂时,如何反映其对降雨分布的影响,有待进一步研究。作者针对上述问题,对现有的溅水模型进行了研究和改进,具体详见第9章。

2.4 泄洪雾化的雾源量

泄洪雾化的雾源主要有如下几种:①水舌外缘雾化区;②水舌碰撞雾化;③水舌入水激溅;④入水点附近水面紊动。

2.4.1 水舌表面的掺气雾源量

由于掺气裂散,水舌外缘包含有细小水滴,一部分随气流向下游飘移,一部分则落回水面,因此可定义一临界含水浓度 C^*,对应位置为 H^*,在水舌断面上,浓度低于该值的区域将被视为水舌外缘雾化区,将不再作为溅水入射流量,而直接作为水舌区的扩散雾源量。

1989 年,刘钧[23]将水舌单宽雾源量定义为

$$q = 2u \int_{y^*}^{h/2} C \mathrm{d}y \qquad (2\text{-}43)$$

式中:q 为水舌上下缘的单宽雾源量;u 为水舌断面的平均流速;h 为水舌的厚度;y^* 为临界含水浓度 C^* 对应的距水舌中心的距离,具体位置可以参考吴持恭提出的断面含水浓度分布公式。

2000 年,梁在潮[1]将雾化区与掺混区交界面附近的流动结构类比为紊流边界层与势流区交界面的关系,得到水舌雾化区的雾源量表达式:

$$q = \int_0^{1.15H} C_a u \left[1 - \frac{2}{\pi} \int_0^{\eta} \mathrm{e}^{-\eta^2} \mathrm{d}\eta \right] \mathrm{d}y \qquad (2\text{-}44)$$

式中:H 为掺混区厚度;C_a 为雾化区与掺混区交界处的含水浓度;u 为水舌表面风速;$\eta = y / (0.622H)$。

事实上,高速水流掺气时对空气有吸附作用,即使水滴被抛离水舌表面,也会在水舌风作用下围绕中心水舌一同下泄,形成溅水雾源量的

一部分。

2.4.2　水舌碰撞雾源量

水舌间的碰撞形成了二次雾化源，其强度仅次于水舌入水激溅雾化。2002 年，刘士和等[16]在对碰撞消能雾化问题的研究中，对于由碰撞引起的附加雾源量给出了如下表达式：

$$Q_3 = k_1 Q_{p1} + k_2 Q_{p2} \qquad (2-45)$$

式中：Q_{p1}、Q_{p2} 分别为两股相碰水舌的流量；k_1 和 k_2 为经验系数，由电站雾化原型观测反馈分析和试验研究求得。

对于该碰撞引起的雾化降雨，原则上也可以采用随机溅水模型求解，但相关参数的表达形式与取值范围尚待深入研究。

2.4.3　溅水雾源量

对于反弹喷溅雾源量，刘士和[24]认为，根据水舌入水时的含水浓度分布，同样可定义一个含水浓度为 β_*，对应的临界位置为 H_*。溅水雾源即为 $H_* \leqslant y \leqslant H^*$ 浓度范围内的水量，称为可溅抛雾化量，用下式表达：

$$Q^* = \frac{1}{1+f(\theta)} \int_{B_1}^{B_2} \int_{H_*}^{H^*} uC \mathrm{d}y \mathrm{d}z \qquad (2-46)$$

式中：B_1、B_2 为水舌的宽度；$f(\theta)$ 为入水系数，其定义为可溅抛雾化量中，入水量与抛溅量之比，它是入水角的函数。

张华等人在其溅水模型中，认为溅水喷射主要发生于水舌前缘，可以认为喷射源为一个线源，其单宽喷溅流量可用下式表示[20]：

$$q = \frac{1}{2} kCu_z h \qquad (2-47)$$

$$n = \frac{6q}{\pi d^3} \qquad (2-48)$$

式中：k 为经验系数；C 为含水浓度；u_z 为平均喷溅初速度；h 为水舌厚度；d 为水滴平均直径；n 为单位时间内的水舌单宽喷溅数量。

上述方法物理机制明确，适用于复杂水舌的溅水喷射计算。

2.4.4　水面紊动雾源量

水面紊动雾源有两种类型，第一种是溢流坝面自然掺气形成的雾源，第二种是水跃区由于水面紊动而生成的雾源，其中后者是主要雾源。

当自由面开始掺气时，水流表面就会裂散出细小的水滴，其起始位置即为雾源的开端。根据自由面掺气理论可知，倾角 α 为 $0° \sim 40°$ 时，掺气临界流速 u_0 为 $6.40 \sim 5.99$ m/s。因此，通过计算溢流面上流速的沿程变化，可以判定雾源区的起始点，从而确定入水前溢流坝面雾源区的长度。

在溢流坝面雾源区范围内，由于水面掺气裂散，自由水面附近存在一个水气掺混区。对此，刘士和[24]认为，水面以上的雾化流含气浓度可以表示为

$$c = \frac{1}{2}\left[1 + \mathrm{erf}\left(\frac{z/H - 1}{h_a/H - 1}\right)\right] \qquad (2\text{-}49)$$

式中：h_a 为含气浓度 0.95 对应的垂向坐标，$h_a = (1 + 1.75i)H$，其中 i 为底坡；H 为清水水深。

假设 u_a 为水面气流运动的纵向速度，因此单宽可雾化量可以表示为

$$q = \int_H^{h_a} u_a(1 - c)\mathrm{d}z \qquad (2\text{-}50)$$

对于水跃区雾源量，张华等人根据湾塘水电站的雾化原型观测数据，应用逐步回归分析方法，得到单位宽度水跃区的雾源量经验计算公式[25]：

$$q = 2.229\,8 \times 10^{-7} L_j u_c - 0.152\,8 \qquad (2\text{-}51)$$

式中：q 为水跃区的单宽雾源量；L_j 为水跃区长度；u_c 为跃首处的流速。

2.5　雨雾的输运与扩散

雾流输运研究的内容主要包括雾源边界的确定，水舌风场与大气风场的计算与模拟，雨滴的对流扩散与沉降，以及雾滴、水滴和水汽之间的相互转换等问题。

2.5.1 底流消能泄洪的雾流扩散

对于底流泄洪形成的雾流扩散，张华等人认为，可将雾化源作为一个连续的线源 q，则在风场作用下，下游任一点处的雾流浓度可用下式表达[25]：

$$C(x,y,z) = \frac{q_l(X)}{2\sqrt{2\pi}u_w\sigma_z}\left\{\exp\left[-\frac{(z-h)^2}{2\sigma_z^2}\right] + \varphi\exp\left[-\frac{(z+h)^2}{2\sigma_z^2}\right]\right\} \times$$
$$\left[\mathrm{erf}\left(\frac{y-y_1}{\sqrt{2}\sigma_y}\right) - \mathrm{erf}\left(\frac{y-y_2}{\sqrt{2}\sigma_y}\right)\right] \tag{2-52}$$

式（2-52）考虑了雨雾沉降引起的雾源量的损耗，故有：

$$q_l(X) = q\exp\left[-\frac{y_2-y_1}{\sqrt{2\pi}}(1+\varphi)\frac{v_d}{u_w}\int_0^x \frac{1}{\sigma_z\exp(0.5h^2/\sigma_z^2)}\mathrm{d}\xi\right] \tag{2-53}$$

式中：σ_y 为水雾在 y 方向的浓度分布均方差，$\sigma_y = 0.31x^{0.71}$；σ_z 为水雾在 z 方向的浓度分布均方差，$\sigma_z = 0.06x^{0.71}$；h 为雾源相对于水面的高度；φ 为下垫面反射系数；y_1、y_2 分别为雾源起点与终点的横向坐标；u_m 为水舌风与自然风的合成速度；v_d 为自然风速。

对于雾流扩散形成的降雨，在以对流为主、以水滴沉降速度、紊动扩散系数和风速为常数的情况下，雾雨分布的理论通解为

$$I(x) = M\exp(-k^2 x) \tag{2-54}$$

式中：I 为纵向上的降雨强度；M 为计算起始点的降雨强度；k 为待定参数，根据白山水电站的实测值，$k^2 = 0.012\ \mathrm{m}^{-1}$。

2.5.2 挑流泄洪的雾流扩散

2.5.2.1 雾源边界的选择

对于高坝孔口泄洪，水舌入水喷溅占据主导地位，对雾源边界可采用两种概化假定：一种是直接采用溅水边界作为雾流边界条件，并指定相应的紊动扩散系数，然而该处边界上水相与气相在运动速度与方向上存在明显差异，不完全满足浓度对流扩散方程，因此仅具理论意义；另一种是将雾源边界置于雾化溅水区外围某一位置，该处雨雾的运动与风场应基本保持同步，且对流扩散作用占主导地位。如文献[26]中采用物

理模型试验与数学模型计算相对照的方法,针对不同泄洪工况将雾源边界置于溅水区之外,边界浓度取为 $3.3 \sim 5.1$ g/m^3,计算结果较为合理。

2.5.2.2 雾雨输运的数值方法

泄洪雾化过程也会引起当地气候的变化,因此采用气象学的理论模型对雾雨浓度以及降雨强度进行计算分析,也不失为一种选择。根据气象学的理论,在自然条件下,空气中的水分以三态存在,所以应考虑三者的相变及其潜热。对于大气中水分输运计算,采用积云动力学方程组来描述,其中包括大气运动方程、连续方程、湿空气状态方程、热力学方程、水汽方程、液态水方程等,在近地区域还包括太阳长波和短波辐射方程、地面能量平衡方程等。如李敏、刘红年等[27-28]采用三维大气边界层数值模式和扩散模式对泄洪水雾的扩散及环境湿度的变化进行模拟,给出了三维湿度分布,用于环境评价。

泄洪雾化引起的雾流降雨是叠加在现有大气环境之上的,若要通盘考虑则更为复杂;同时,气象学模型中的水滴直径计算范围偏小,上限仅为 37 μm,云雾含水浓度的质量浓度最大仅为 0.5 g/m^3[29],对水利工程的重要性强调不够;再者,泄洪雾化区域在气象学中的计算尺度上只相当于大气下边界概念,在水平与垂向上分辨率均有所不足。因此,对于水利工程设计,可通过必要的简化,直接建立泄洪雾化雾流降雨的数学模型,该数学模型仅包括气流运动方程、连续方程、液态水浓度方程。

目前,对于雾流输运的研究大多仍然停留在二维模拟的基础上,无法反映雨雾在两岸山坡的扩散与沉降情况。为此,作者在三维对流扩散基本方程的基础上,研究开发了雾雨输运的三维有限元模型,具体介绍详见第 11 章。

2.5.2.3 雾雨沉降效应

对于雾流降雨区内的水滴沉降效应,一种是借鉴气象学的理论,认为雾雨转换与碰并主要对相应浓度下的雾滴粒径有影响,进而对雾雨沉降速度产生影响。因此,可以采用实测的雾滴谱空间分布[28],根据粒径与沉降速度的关系式得出计算点处的沉降速度。然而,泄洪水舌风场中的水滴谱在时间与空间上不断变化,实际原型中也很难得到完整的雾滴谱空间分布,气象学中的相关研究成果并不完全适用。另一种是直接运

用浓度 – 粒径 – 沉降速度经验关系,即通过经验雨滴谱从空中含水浓度求得沉降速度。如黄美元等[30]通过对不同大小雨滴的降落速度进行质量加权平均,得到空中任一点处雨滴的群体降落速度与该点的雨滴质量浓度之间的经验关系式:

$$U = 14.08\rho^{-0.375}q_r^{0.125} \qquad (2\text{-}55)$$

式中:U 为雨滴的群体降落速度;ρ 为湿空气的密度;q_r 为单位质量湿空气中雨滴的质量。

由此可得到空间任一点的降雨强度为

$$P = \frac{\rho}{\rho_w}q_r U \qquad (2\text{-}56)$$

式中:ρ_w 为液态水的密度。

式(2-55)、式(2-56)仅由某一经验雨滴谱导出,虽具有一定的理论基础,但普适性有限,能否用于三维水雾输运中的雨滴沉降效应计算,尚待进一步研究。

2.5.3　雨雾的凝结及汽化

2.5.3.1　雨滴对雾滴的碰并

雾雨空间存在雾滴与雨滴两种粒子,一般将直径大于 100 μm 的水滴称为雨滴,而小于 100 μm 的则称为雾滴。雨滴体积巨大,但数量相对较少,而雾滴体积甚微,但数量巨大,雨滴在运动过程中沿程将捕获大量的雾滴,称之为碰并。根据作用力,碰并可分为重力碰并、湍流碰并、电碰并等。雾雨输运中以前两者为主。对于重力碰并,可用下式进行描述[30]:

$$r_p = 2.54E_p\rho^{0.375}q_f q_r^{0.875} \qquad (2\text{-}57)$$

式中:r_p 为雨滴的碰并增长率;E_p 为雨滴对雾滴的碰并效率,$E_p = 0.9$;q_f 为单位质量空气中水雾的质量;其他变量意义同前。

2.5.3.2　雾滴的凝结蒸发过程

由于雾雨输运分析多采用恒定流计算边界,因此可采用平衡法[30]计算雾滴的凝结与蒸发。在饱和的空气中,雾滴将发生凝结,在不饱和的空气中,雾滴将发生蒸发。雨雾对流扩散方程中所包含的源汇项,即代表上述过程。

空气中饱和比湿 q_{vs} 与当地温度 T 的关系可用 Tetens 公式表达：

$$q_{vs} = \frac{380}{P_a} \exp\left(17.27 \frac{T - 273.16}{T - 35.86} \right) \tag{2-58}$$

假定雾雨区内某处的雾雨质量含水浓度为 q，水汽比湿为 q_c，则空气达到饱和所需的雾雨蒸发水汽量为 $q_x = q_{vs} - q_c$。当 $q_x > 0$ 时，发生汽化，则当地温度最低可降至：

$$T_1 = T - \frac{L}{c_p} q_x \tag{2-59}$$

式中：L 为汽化潜热；c_p 为等压比热。

由于温度的改变又会引起饱和比湿 q_{vs} 发生改变，因此需要迭代运算，最终确定蒸发水汽量 q_{x1}、水汽比湿 $q_1 = q_c + q_{x1}$，以及最终温度 T_1。若 $q < q_{x1}$，则雾滴全部蒸发，但空气仍尚处于未饱和状态。同理，若 $q_x < 0$，发生凝结，温度升高；若 $q_c < q_{x1}$，则水汽全部凝结，空气非常干燥。

2.5.3.3 雾化区域相对湿度的变化

根据上述的雨雾凝结与汽化过程，求得泄洪后雾雨范围内空气温度 T_1 与水汽比湿 q_1，可以计算 T_1 对应的饱和蒸汽压 E_1：

$$E_1 = 611.10^{\frac{7.45(T_1 - 273.16)}{T_1 - 38.16}} \tag{2-60}$$

然后计算气温 T_1 与水汽比湿 q_1 对应的实际蒸汽压 e_1：

$$e_1 = P_a \frac{q_1}{0.622 + 0.37 q_1} \tag{2-61}$$

最后可得当地相对湿度 RH_1：

$$RH_1 = e_1 / E_1 \tag{2-62}$$

2.6 基于原型观测资料的雾化分析方法

通过对现有雾化原型观测资料的整理与定量分析，找到其基本规律，可用于工程雾化的初步预报和评估。如刘宣烈等[31]根据乌江渡、白山、刘家峡等水电站雾化原型观测资料，经过统计分析，提出了雾化的估算范围：对于浓雾区，纵向范围 $L=(2.2\sim3.4)H$，横向范围 $B=(1.5\sim2.0)H$，高度 $T=(0.8\sim1.4)H$；对于薄雾及淡雾区，纵向范围 $L=(5.0\sim7.5)H$，横向范围 $B=(2.5\sim4.0)H$，高度 $T=(1.5\sim2.2)H$。其中，H 为最大坝高。

近些年来，人工神经网络与模糊算法等在泄洪雾化研究中逐步得到应用。姜树海等[32]通过模糊推理模式，认为空间任一点的降雨量可表示为

$$P=F(H,\ Q,\ K,\ x,\ y,\ z) \qquad (2\text{-}63)$$

式中：H 为上下游落差；Q 为流量；K 为水舌扩散度；x、y、z 为相对于水舌入水点位置。

式（2-63）反映了雾化主要影响因素，但具体表达式未知。

1993 年，吴柏春[33]通过对实际工程雾化观测资料进行分析，提出了溅水降雨强度的表达式：

$$P=P_0+F\frac{g}{v^2}\left(\frac{v^2}{gx}\right)^3\left(2\frac{y}{x}+1\right)^{-4} \qquad (2\text{-}64)$$

式中：$P_0=7.0\times10^{-6}$ m/s；$F=25$ m^2/s；v 为水舌入水流速；x、y 为空间坐标。

2003 年，戴丽荣等[34]以 BP 神经网络为基础，建立了挑流泄洪雾化范围的神经网络预报模型，模型考虑了上下游水位差、泄洪量、泄洪孔口形状系数及挑坎挑角的影响，输出变量分别为雾化的纵向、横向及垂向的长度。为进一步研究雾化区内的雨强分布规律，彭新民等[35]在其输入因子中增加了下游测点的横向与纵向坐标，使该网络模型可以预测出下游雾化雨强的平面分布。上述模型尚无法反映河谷地形条件的影响。为此，作者采用一种改进的 RBF 网络来预测雾化雨强分布。该网络模型的输入变量除泄洪流量、入水速度及入水角度等水力学因子外，还包括雾化区域内的空间坐标，输出变量为该空间点处的降雨强度。上述技术与方法参见第 5 章。

2.7 雾化溅水的物理模拟

2.7.1 水流掺气模拟的缩尺影响

在实际工程的雾化问题研究中，采用大比尺的水工模型，可以较好地反映水舌区的掺气形态，试验成果可为工程设计提供参考。然而，由于模型与原型间在水流紊动结构上的不相似，模型中的水流掺气能力与实际工程之间存在一个缩尺系数 K：

$$K = \beta_p / \beta_m \qquad (2\text{-}65)$$

式中：β_m 为模型水流掺气能力，$\beta_m = q_a / (q_w \cos\alpha)$，$\alpha$ 为泄槽倾角；β_p 为原型中掺气能力。

对此，时启燧[36]通过相关实测资料的收集、整理和分析，指出该模型缩尺系数与模型出口雷诺数间存在如下指数关系：

$$K(Re) = 2\,580\exp\left[-0.529\,9\ln(Re)\right] \qquad (2\text{-}66)$$

在模型设计中，即使模型流速不能满足 $u > 7.0$ m/s 的掺气临界条件，至少也应控制雷诺数大于 4×10^5，缩尺系数小于 2.77，修正后的试验结果是可信的。

在实际工程问题研究中，常将缩尺系数表示为模型比尺 λ_L 的指数函数：

$$K = \beta_p / \beta_m = \lambda_L^n \qquad (2\text{-}67)$$

由于工程规模的不同，即使采用相同的模型比尺，模型中掺气效果也会有明显差别，因此式（2-67）定义有些牵强。对此，时启燧认为，该指数 n 与模型比尺 λ_L 及模型 Re 数有关，并满足下式：

$$n = \frac{7.856 - 0.529\,9\ln(Re)}{\ln(\lambda_L)} \qquad (2\text{-}68)$$

2.7.2 溅水模型的相似率

溅水模型属于两相流模拟，除需要满足水流重力相似、紊动相似外，还应满足表面张力相似、空气阻力相似。

若满足重力相似准则，则水流速度比尺应有：

$$\lambda_v = \lambda_L^{0.5} \tag{2-69}$$

对于表面张力的影响，若采用韦伯数相等原则，则水滴喷溅初速的比尺应满足：

$$\lambda_v = \lambda_D^{-0.5} \tag{2-70}$$

为保证水滴飞行阻力及风场相似，必须使空气雷诺数相等，这样水滴飞行速度比尺应满足：

$$\lambda_v = \lambda_D^{-1} \tag{2-71}$$

试验中水滴粒径 D 很难保证相似，从定性角度来看，$\lambda_D > \lambda_L$。

上述分析表明，雾化模型相似问题甚为复杂，无法同时满足水流时均流动相似、水滴喷射速度相似以及空中运动相似。试验中溅水喷射的速度明显偏小，水滴粒径范围较窄，溅水强度分布较原型更为集中。

溅水试验的主要研究对象是溅水区内降雨强度 P 的分布，由于其具有速度量纲，故最初将雨强比尺等同为速度比尺：

$$\lambda_P = \lambda_L^n = \lambda_L^{0.5} \tag{2-72}$$

根据安康、二滩以及乌江渡等系列模型相似率资料可知，当模型比尺接近于原型时，式（2-72）中缩尺指数 n 接近 0.5，而当模型比尺较小时，指数 n 增大，其中在乌江渡系列模型中甚至出现 $n = 3.4$ 的情况。

针对上述情况，陈端等[37]将模型雨滴划分为优频雨滴和优势雨滴，前者指微小雨滴，数量众多但对雨强贡献小，后者指大雨滴，数量少但对雨强贡献大，最后得出模型雨强与原型值的换算公式：

$$S_p = S_f \lambda_L^a + S_g \lambda_L^b \tag{2-73}$$

式中：S_p 为原型雨强；S_f 为模型优频雨强；S_g 为模型优势雨强；系数 $a = 1.63 \sim 1.65$，$b = 1.0 \sim 1.2$。

需要指出的是，该方法仅是一种折中方案，雾化模型的换算比尺与水流雷诺数、空气雷诺数、韦伯数、弗劳德数、模型比尺等因子有关，即有 $\lambda_P = F(\lambda_L, Fr_w, Re_w, Re_a, We_w, \cdots)$，若继续沿用式（2-72），则指数 n 满足 $n = F(Re_w, Re_a, We_w, \lambda_L, \cdots)$。该指数称为溅水雨强缩尺指数，其表达形式有待进一步深入研究。

在使用溅水试验成果对数学模型进行验证时，建议采用模型实测值，以避免缩尺影响。

2.7.3 溅水雨强的测试方法

目前，溅水雨强的测试技术主要采用滴谱法与称重法，前者需要事先确定雨滴直径与斑痕直径的换算关系，一般地，该关系符合幂函数　形式：

$$d = aD^b \tag{2-74}$$

式中：d 为雨滴直径；D 为斑痕直径；系数 a 与 b 的取值与滤纸材质、涂料的种类及方法有关，根据有关的文献[38-40]，$a = 0.36 \sim 0.66$，$b = 0.66 \sim 0.74$。

然而，这种方法存在以下几个问题：一是式（2-74）在应用中会产生一定误差；二是为防止雨滴斑痕相互重叠，采用滤纸的采样时间较为短暂，故其代表性略嫌不足；三是溅水雨滴速度未知，采用自然降雨的雨滴谱换算实际雨强也会有一定误差；四是溅水雨滴存在一定入射角，对于雨强的计算结果有明显影响。

相对而言，称重法可靠性较高，仅需知道测试盒溅水前后质量差 Δm、溅水时间 T 和集雨面积 A，即可求得降雨强度，即

$$P = \frac{\Delta m}{\rho A T} \tag{2-75}$$

试验中只要垂直放置集雨器，对于微小粒径的雨滴，采用较长的采样时间和高精度称重设备，即可保证量测精度。

2.8　风洞试验

雾流扩散区的模拟可以在风洞中进行，其模型率除考虑几何相似外，必须考虑雾源量的相似与气流运动的相似，即雷诺数相似。根据溅水区外围的含水浓度、水滴粒径分布等条件，在模型进口处设置相应的源相，测量雾流的速度、含水浓度分布与降雨强度分布，确定雾化的影响范围，具体理论方法参考有关文献。

2.9　小　结

本章对前人在泄洪雾化方面的研究成果进行了简要回顾，为本书后

续的泄洪雾化预报技术研究的研究提供了借鉴。

（1）自由水面掺气机理、溅水分布规律、雨雾输运扩散等方面的研究成果，可为泄洪雾化数学模型的研究提供技术理论与方法。

（2）通过对前人在雾化原型观测资料分析研究方面的了解，可进一步研究建立泄洪雾化的经验公式与泄洪雾化人工神经网络模型。

（3）通过了解雾化溅水物理模拟方面所作的研究与面临的困难，在后续的研究中直接采用模型试验条件对数学模型进行率定，从而避免缩尺效应的影响。

（4）通过对已有成果的回顾，使读者对目前泄洪雾化研究的内容、方法，以及面临的诸多问题有了一个整体的了解，能够取其精华，去其糟粕，为今后从事相关的研究提供参考。

参 考 文 献

[1] 梁在潮.雾化水流理论[J].泄水工程与高速水流，2000(2).

[2] 时启燧.掺气坎模型挟气能力的临界条件[C]//水力学与水利信息学进展2005.四川：四川大学出版社，2005.

[3] 罗铭. 掺气减蚀挑跌坎与水流紊动特性[J].水利学报，1995，7.

[4] 杨永森，陈长直，于琪洋.掺气槽上射流挟气量的数学模型[J].水利学报，1996(3).

[5] 郭可诠.射流扩散研究的初步报告[C]//北京水利科学研究院论文集（第三集）.北京：水利电力出版社，1963.

[6] 张文周.挑流水舌空中扩散消能研究[D].天津：天津大学，1964.

[7] 姜信和，张任.挑射水股空中掺气扩散的研究[J].水利学报，1984.

[8] 梁在潮，李奇.坝下游雾化问题的研究[J].高速水流，1986(2).

[9] 刘宣烈，张文周.空中水舌运动特性研究[J].水力发电学报，1988，2.

[10] 刘宣烈，刘钧.三元空中水舌掺气扩散的试验研究[J].水利学报，1989，11.

[11] Hubert Chanson, et al.Air bubble entrainment in turbulent water jets discharging into atmosphere[J].Australian civil/structural engineering transactions，1996，39(1).

[12] 吴持恭，杨永森.空中自由射流断面含水浓度分布规律研究[J].水利学报，

1994(7).

[13] 张华，联继建.掺气水舌运动微分方程及其数值解法[J].水利水电技术，2004，35(5).

[14] 刘宣烈，刘钧.空中掺气水舌运动轨迹及射距[J].天津大学学报，1989(2).

[15] 刘士和，段红东.挑流水舌运动数值模拟[J].武汉大学学报，2004，37(6).

[16] 刘士和，陆晶，周龙才.窄缝消能与碰撞消能雾化水流研究[J].水动力学研究与进展：A辑，2002，17(2).

[17] 梁在潮，李奇.坝下游雾化问题的研究[J].高速水流，1986(2).

[18] 刘宣烈.泄洪雾化入水喷溅物理及数学模拟研究[R].天津：天津大学，1989.

[19] 段红东，等.雾化水流溅水区降雨强度分布探讨[J].武汉大学学报，2005，38(5).

[20] 张华，联继建，李会平.挑流水舌的水滴随机喷溅数学模型[J].水利学报，2003，8.

[21] 张华，联继建.应用水滴随机喷溅数学模型预测挑流泄洪雾化的雨强分布[J].三峡大学学报，2004，26(3).

[22] 段红东.雾化水流溅水与雾流扩散问题研究[D].武汉：武汉大学，2006.

[23] 刘钧.过坝空中水舌运动特性及其雾化的分析[D].天津：天津大学，1988.

[24] 刘士和.高速水流[M].北京： 科学出版社，2005.

[25] 张华.水电站泄洪雾化理论及其数学模型的研究[D].天津：天津大学，2003.

[26] 薛联芳，等.金沙江向家坝水电站泄洪消能雾化环境影响及对策措施研究专题报告[R].长沙：国家电力公司中南勘测设计研究院，2005，4.

[27] 李敏，蒋维楣，刘红年.考虑雾的微物理特征条件下的水雾扩散数值模拟研究[J].环境科学学报，2002，22(2).

[28] 刘红年，蒋维楣，徐敏.水雾扩散及其对环境影响的模拟研究[J].环境科学学报，2000，20(5).

[29] 张学文.云的含水浓度及其水循环[J].水科学进展，2002，13(1).

[30] 黄美元，徐华英.云和降水物理[M].北京： 科学出版社，1999，1.

[31] 刘宣烈，安刚.二滩水电站泄洪雾化研究及其对工程影响分析[R].天津：天津大学，1989.

[32] 姜树海，陈慧玲.高坝泄洪下游水雾的模糊预报模式[J].水利水运科学研究，1993(1).

[33] 吴柏春.白山水电站泄洪雾化观测结果分析[J].泄水工程与高速水流.1993(1).

[34] 戴丽荣，张云芳，等.挑流泄洪零化影响范围的人工神经网络模型预测[J].水利水电技术，2003，34(5).

[35] 彭新民，林芝，等.挑流泄洪雾化的人工神经网络模型初探[J].中国农村水利水电，2006(1).

[36] 时启燧.掺气坎模型的缩尺效应[C]//水力学与水利信息学进展 2005.四川：四川大学出版社，2005.

[37] 陈端，金峰，李静.高坝泄洪雾化降雨强度模型律研究[J].水利水电技术，2005，36(10).

[38] 贾志军，王小平.雨滴直径与色斑关系率定[J].中国水土保持，1985(4).

[39] 窦保璋，周佩华.雨滴观测方法[J].水土保持，1976(1).

[40] 徐向舟，张红武，朱明东.雨滴粒径的测量方法及其改进研究[J].中国水土保持，2004(2).

第3章　泄洪雾化的原型观测

3.1　国内工程雾化观测概况

原型观测是认识雾化现象的重要手段之一。尽管需要耗费大量的人力和物力，而且现场条件的复杂性与影响因素的多样性，对于观测资料的精度有较大影响，但原型观测仍是目前研究泄洪雾化最为直观、可靠的方法之一。

我国自20世纪60年代开始，对许多已建工程进行了泄洪雾化原型观测，为雾化理论研究积累了宝贵的资料，部分工程雾化实际观测情况见表3-1。通过对相关资料的收集与整理，可为理论分析及数学模型的研究提供参考。本书针对二滩、李家峡、东风、东江、鲁布革等典型工程的雾化原型观测情况进行介绍，并对雾化降雨数据进行整理，以供研究参考。

表 3-1　国内部分工程的雾化实际观测情况

名称	工程概况	泄洪雾化影响及防治
丰满水电站	混凝土重力坝，坝高90.5 m，坝顶高程266.5 m。溢流堰顶高程252.5 m，溢流表孔11孔，出口采用差动式鼻坎挑流消能	1953～1957年，进行现场观测，在5孔或6孔开启泄流时，水雾弥漫范围仅在左侧河道部分，薄雾范围到达坝下1 000 m的丰满桥，桥上有小雨，但不影响交通。当11孔全开时，水舌形成的水雾最远到达大桥下游的水文断面处，此时，丰满大桥上水雾浓密，形成大暴雨，能见度仅数米，风速达到8级，行车已很困难
新安江水电站	重力坝，坝高105 m。设计流量27 600 m³/s。泄洪建筑物：坝面厂房顶部溢流，溢流表孔9孔，每孔宽度13 m，采用差动式连续挑坎消能	1968年、1983年进行泄洪雾化观测，最大风速13～15 m/s；坝下游400 m附近交通大桥似遇暴风雨，行人困难；为封堵沿岸回流，右侧墙采用扩散角，造成右岸雾化与冲刷，坝下右岸150 m处变电站，由于雾化引起变压器跳闸，4台机组停机

名称	工程概况	泄洪雾化影响及防治
柘溪水电站	重力坝,坝高 104.0 m。泄水建筑物:坝身设有 9 个溢流孔,采用差动式鼻坎消能,设计洪水泄流量 14 160 m^3/s,校核洪水泄量达 15 460 m^3/s	泄洪时,枢纽下游浓雾弥漫,在水流入水点附近形成长约 300 m 的浓雾区,雾流升腾约 150 m 高,向枢纽下游方向逐渐变淡,雾流扩散影响到距坝下游约 800 m 的山头;办公大楼及部分生活区建在左岸山头,处在雾化影响区内,泄洪时该处出现大风暴雨,影响工作,被迫将办公大楼迁往右岸下游
青铜峡水电站	重力坝,坝高 42.7 m,设计流量 7 300 m^3/s。泄水建筑物:溢流表孔 6 孔,采用挑流消能,鼻坎挑角 22°	一经泄洪就浑水四溅,形成泥雾,影响电站周围工作环境,引起开关站跳闸,机组出线发生短路,闸门开度受限
黄龙滩水电站	重力坝,坝高 170.0 m,100 年一遇流量 13 300 m^3/s,500 年一遇流量 16 600 m^3/s。泄水建筑物:溢流坝段,6 孔梯形差动式鼻坎位于河床中部,深孔位于溢流坝左边,采用平滑鼻坎消能	1980 年,6 个胸墙溢流孔和深孔泄流,泄流量达 12 000 m^3/s,经差动式鼻坎挑流消能,水舌入水点在厂房附近,雾雨升使厂区处于强降水区,电机层水深 3.9 m,停电 49 d;同时,高压线短路,交通与通信中断。为此,对厂房屋面及侧墙漏水进行封堵,并设置挡水墙与排水沟,同时对厂区泵房进行改造等
刘家峡水电站	重力坝,坝高 147.0 m,坝顶高程 1 739.0 m,坝后式厂房,电站装机容量 1 225 MW,设计泄流量 8 860 m^3/s。泄水建筑物:溢洪道、泄洪洞、排沙洞;左岸 3 孔溢洪道 10 m×8.5 m,坝体 2 孔泄洪洞 3 m×8 m,右岸泄洪洞 8 m×9.5 m	左岸溢洪道泄洪时,右岸形成强降水区,造成进厂交通通道受阻,为此特修筑 200 m 防雾廊道;右岸 220 kV 出线洞洞口降雨强度 600 mm/h,输电设备跳闸;右岸泄洪洞放水,在左岸山头形成强降水区,雾流升腾高度达百米以上,山谷汇流如小川瀑布,左岸 330 kV 出线洞洞口降雨强度 659 mm/h;泄洪雾化结冰,迫使电厂停电,为此又建造备用线路;水雾顺风飘散至 500 m 远,冬季路面结冰,影响交通
风滩水电站	重力坝,坝顶高程 211.5 m,坝高 112.5 m;电站厂房位于左岸,装机容量 400 MW。设计洪水泄流量 20 400 m^3/s,最大泄流量 24 300 m^3/s,泄水建筑物:设 13 孔溢流堰,堰顶高程 193.0 m,采用差动式挑流鼻坎消能	1981 年 6 月原型观测,上游库水位 199.68 m,下泄流量达 12 500 m^3/s。泄洪雾化影响范围:纵向长 310 m,横向宽度 190 m,最大高程 230 m,超出坝顶高程 17.5 m,大坝下游两岸公路上有大暴雨,且风速大,人和车辆在公路上不能行走,在大坝下游约 500 m 处的交通桥上,仍有较大水雾

续表 3-1

名称	工程概况	泄洪雾化影响及防治
乌江渡水电站	重力坝,坝顶长 368 m,最大坝高 165 m,坝顶高程 765 m。泄水建筑物:两边孔采用厂房顶溢流滑雪道型式,中间 4 孔为厂房顶挑流式,泄洪流量为 15 670 m³/s;两岸各设 1 条泄洪洞,泄量均为 4 130 m³/s,坝身设有 2 个泄洪中孔,泄量达 1 154 m³/s	1982 年原型观测,雾化范围为 80.0~900.0 m,上升高度可达 800.0 m 高程,右岸降雨强度均大于左岸。不同泄流组合会影响最大降水区的位置,雾源主要来自水舌入水喷溅。观测到的最大雨强为 687.4 mm/h,受强降水区影响,碎石下滚;受地形影响,雾流沿山坡爬行升腾
参窝水库	坝高 51.50 m,最大库容 7 亿 m³。泄水建筑物:滚水坝,坝上设 14 个溢流孔,末端采用差动式挑坎消能	1982 年原型观测,为避免下游农田受淹和节约用水,观测采用单孔开启方式。在单孔开启各种工况下,浓雾目测高度与堰顶高程齐平,薄雾高度与坝顶齐平,弧门全开时坝顶有小雨点。在右侧岸坡上站立 5 min 左右,全身衣服湿透,相当于中到大雨。水雾向下游持续延长 150 m
白山水电站	三圆心重力拱坝,坝高 149.5 m,设计流量 9 930 m³/s。泄水建筑物:4 个溢流表孔,3 个深孔。表孔和深孔采用高低鼻坎碰撞消能,表、深孔相间布置,鼻坎高程与挑角各不相同	1983 年泄洪,坝下 350 m 处于雾化降雨之中,水舌落点后部和两侧,风速达 8~9 级,水雾向两岸山坡爬升高度约 100 m,左岸坝下 50 m 处最大雨强为 502 mm/h。1986 年泄洪,最大泄流量 2 100 m³/s,由于下游水垫较浅,溅起巨大水雾,笼罩整个河床和开关站,最远处波及坝下 900 m 的大桥附近。雾化导致开关站磁套放电、避雷器放电,右岸开关站被飞石砸坏 10 余处,施工道路中断,地下厂房进水。对此,建设单位在右岸开关站靠江一侧均用钢筋混凝土墙封闭,同时通过增大消能塘水垫深度和对左岸山体进行防护,降低了溅水雾化的危害
龙羊峡水电站	重力拱坝,坝高 178 m。泄水建筑物:坝身设有底孔、深孔、中孔、溢洪道;最大泄水位 2 600.0 m,泄流量达 7 165.0 m³/s	1987 年,底孔泄流 600 m³/s,降雨强度达 230 mm/h。1989 年,底孔泄流量 854 m³/s,由于西北地区常年干旱和局部断层的存在,在雾化降雨长期浸润下,右岸山体发生变形,总方量达 150 万 m³,被迫进行挖除、设置抗滑桩、锚固及设置排水等工程项目,工程从 1996 年开工,2000 年完工,挖除明方 80 万 m³,暗方 5 万 m³,总投资 3.08 亿元

名称	工程概况	泄洪雾化影响及防治
安康水电站	混凝土重力坝，坝高 128 m，设计流量 31 500 m³/s。泄水建筑物：泄洪总宽度 228.5 m，包括 5 个表孔，5 个中孔和 4 个底孔，其中表孔采用宽尾墩消力池联合消能工；中孔采用宽尾墩、折流墩消力池联合消能工；右底孔采用异形挑坎，左底孔采用短边墙自由扩散挑坎	1990～1993 年进行原型观测，水舌溅水区范围：纵向长度 0+98～0+262，约 164 m；横向长度右 0+65～右 0+230，约 165 m；高度达 279 m，从水面起算达 35 m。雾雨区：纵向长度 0+262～0+900，约 638 m；横向长度 0+000～0+230，约 230 m；高度达 338 m，从水面起算达 98 m。通过雷达测试，溅水总量约为入水量的 1.3‰，溅水区边缘的降雨强度约为 1 330 mm/h
鲁布革水电站	堆石坝，坝顶高程 1 138 m，最大坝高 103.8 m。电站装机容量 600 MW。泄洪建筑物：包括左岸溢洪道、左岸泄洪洞、左岸泄洪洞，采用折板式异形挑坎消能；设计水位 1 127.0 m，泄流量达 6 455.0 m³/s	1991 年进行雾化原型观测，左岸溢洪道泄洪，观测到最大降雨强度 113.7 mm/h，大坝下游 600 m 处的公路桥上仍有水雾，雾流沿右岸山坡升腾，高程达到 1 139.0 m；左岸泄洪洞泄洪，浓雾沿两岸山坡升腾均达山顶，右岸实测最大降雨强度达 152.0 mm/h，人在右岸公路雾化区内呼吸困难；右岸泄洪洞泄洪，下游雾化偏向左岸，浓雾沿左岸山坡升腾到 1 138.0 m，左岸实测最大降雨强度达 45.0 mm/h
东江水电站	双曲拱坝，坝高 157 m。泄水建筑物：3 孔滑雪式溢洪道，右岸采用窄缝消能，左岸采用扭曲鼻坎消能，左右两条泄洪洞；最大泄流量达 6 570 m³/s	1992 年 10 月，进行原型观测：左岸滑雪道泄洪，最大雨强达 1 458 mm/h，水雾最远到坝下 800 m；右岸左滑雪道泄洪，雨强 1 894 mm/h，右岸右滑雪道泄洪，雨强 914 mm/h，雾区范围到坝下游 640 m；雾化降雨中断进厂公路交通，两岸山体风化岩石及土体滑落
隔河岩水电站	重力拱坝，坝高 151 m。泄水建筑物：分为 3 层，分别设 7 个表孔、4 个中孔和 2 个导流底孔，采用表中孔不对称宽尾墩束水射流加水垫塘联合消能	1993 年和 1996 年进行了包括雾化在内的原型观测。在坝下形成大暴雨，坝下至一级坎为大雨区，一级坎至二级坎为小雨区。河面上的雾雨顺风时可向下游飘洒 1 000 m 左右，整个河谷充满了泄洪水雾

名称	工程概况	泄洪雾化影响及防治
漫湾水电站	重力坝，坝高 132 m，电站装机容量达 1 500 MW。泄水建筑物：5 个大差动溢流表孔，左岸 1 条泄洪洞，2 个中孔，左右各 1 个冲沙底孔	1994 年进行泄洪雾化原型观测：3 号表孔泄洪，浓雾升腾扩张，横向充斥整个河床，自落点下游沿纵向飘移 200 m，最大雨强 24.2 mm/h，水雾影响高程达 972 m。在库水位 984.9 m，泄洪流量 940 m³/s 下，泄洪雾化影响范围不大；当库水位达 991.5 m，泄流量达 1 970 m³/s 时，右岸 500.0 m 高程的升压站有小雨；当 5 个表孔和左岸泄洪洞联合泄洪时，观测到的最大降雨强度达 115 mm/h，水雾扩散至坝下游 400 m 远，雾化影响右岸进厂交通公路，为此修筑 400 m 长的防雾廊道
五强溪水电站	坝高 85.83 m，堰顶高程 87.8 m，采用底流消能。左消力池 6 个表孔，5 个中孔，消能形式"宽尾墩+底流+消力池"；右消力池 3 个表孔，净宽 19 m，消能形式"宽尾墩+消力池"	1997 年对其右消力池进行水力学原型观测，宣泄流量 8 000 m³/s，在紧邻右侧的厂房顶和下游两岸，布置雾化测点。泄洪过程中，仅可见在水跃区上空局部空间内，形成白色水雾，在自然风与水舌风作用下，水雾并未向右侧厂区上空飘移，没有产生雾雨降水。河谷两岸，空气湿度增加，但沿纵向递减
东风水电站	双曲拱坝，坝高 162.3 m，最大泄流量 12 400 m³/s。泄水建筑物：坝顶 3 表孔，坝身 3 中孔，左岸一条溢洪道，一条泄洪洞，表孔采用挑流鼻坎，中孔采用收缩窄缝，溢洪道采用曲面贴角鼻坎，泄洪洞采用扭鼻坎	枢纽建成后，1997 年进行原型观测：溢洪道泄洪雾化雨强达 1 851 mm/h，造成电厂进厂公路受阻，交通洞进水，为此将交通洞进口段改线；泄洪洞泄洪，雾化影响右岸部分区域，中孔泄洪雨区集中在水舌两侧岸坡，测到的最大雨强达 4 063 mm/h。当雨强大于 1 680 mm/h 时，可见度低于 4 m，行人在内无法呼吸

名称	工程概况	泄洪雾化影响及防治
李家峡水电站	混凝土双曲拱坝,坝高 165 m,坝顶高程 2 185 m。电站装机容量 2 000 MW。泄水建筑物:左岸中、底孔泄水道和右岸中孔泄水道。采用异形鼻坎挑流消能	1997 年 2 月连续泄洪 23 d,由于当时气温很低,在雾化区域形成了厚度为 0.8~1.5 m 的冰层,昼夜温差引起冰层的交替冻融,导致排水不畅,同时地面水的下渗量增加,造成顺层推移式滑坡,总方量达 38 万 m^3。为此,对近坝区库岸滑坡带采取"削头"减载和"压脚"等加固措施;对下游消能区滑坡则采用大型模袋混凝土护坡,辅以锚索加固及加强排水等处理措施。1998 年 11 月进行雾化原型观测,对左底孔单独泄洪时,河道中心水雾升腾高度达数十米,水舌喷溅区边缘最大雨强达 400 mm/h,风速 7~8 m/s。右中孔泄洪时,最大雨强在 100 mm/h 以上,下游 300 m 处仍有 10 mm/h 的降雨强度
二滩水电站	双曲拱坝,坝高 240 m,电站装机容量 3 300 MW。设计流量 20 590 m^3/s,校核流量 24 050 m^3/s。泄洪建筑物:坝身 7 表孔、6 中孔,空中碰撞,右岸采用两条泄洪洞,出口采用挑流消能	1999 年进行原型观测,6 中孔泄洪,测得最大雨强为 833 mm/h;7 表孔泄洪,测得最大雨强为 850 mm/h;中表孔联合泄洪,测得最大雨强为 2 071 mm/h;$1^\#$泄洪洞全开,最大雨强测值为 740 mm/h;$2^\#$泄洪洞全开,最大雨强测值为 950 mm/h;两条泄洪洞全开,最大雨强为 1 000 mm/h。雾化降雨区内两岸山体风化岩石及土层全部滑落
宝珠寺水电站	混凝土重力坝,最大坝高 132 m,坝顶高程 595.0 m,电站装机容量 700 MW。泄洪建筑物:电站厂房位于河床中部,左侧为 2 表孔与 2 底孔,右侧 2 底孔与 2 中孔;底孔设计流量约 2 000 m^3/s;中孔为 6 600 m^3/s;表孔为 10 000 m^3/s	2001 年 12 月进行原型观测,右底孔泄洪时,雾化降雨大部分落入河床中,但溅水水体部分落在左岸 498 m 高程平台,冲出一个大坑,最大雨强度约为 360 mm/h;左底孔与右底孔联合泄洪时,激溅雨大量降落在左岸,最大雨强在 2 000 mm/h 以上;泄洪过程中,左岸高压输电线路被浓雾笼罩,威胁到电站输电安全,联合泄洪工况提前中止

3.2 李家峡水电站泄洪雾化

李家峡水电站位于我国青海省黄河干流上,坝址距上游龙羊峡水电站 108 km,距西宁市 112 km。枢纽主要由混凝土双曲拱坝、坝后双排厂房和泄水建筑物组成,坝高 165 m,坝顶高程 2 185 m,正常蓄水位 2 180 m,总装机容量 200 万 kW。泄水建筑物由傍山布置的左、右中孔和左底孔泄水道组成。左底孔进口高程 2 100 m,工作弧门尺寸为 5 m×7 m,泄槽全长 200.5 m,采用"燕尾式导扩坎"挑流消能;左中孔和右中孔的进口高程均为 2 120 m,工作弧门尺寸为 8 m×10 m,泄槽全长分别为 215.7 m 和 230.7 m,均采用窄缝式挑流鼻坎消能。在设计和校核洪水时,泄水建筑物可安全宣泄 4 100 m³/s 和 6 103 m³/s 流量。李家峡水电站泄洪全景见图 3-1。

图 3-1　李家峡水电站泄洪全景

李家峡水电站在发电运行前已预测到未来泄洪雾化将导致部分边坡失稳下滑,为此将不稳定岩体的绝大部分挖除,总方量约 190 万 m³,并采取了相应的工程治理措施。自 1996 年 12 月开始下闸蓄水,1997 年 2 月持续泄水 23 d,由于当时气温很低,在雾化降雨覆盖区域形成了厚度 0.8～1.5 m 的冰层,最厚处达 4 m。昼夜温差引起冰层的交替冻融,导致排水不畅,并增加了地面水的下渗量,造成顺层推移式滑坡,至

1997 年 3 月 1 日滑坡总方量达 38 万 m³。

为此，中国水利水电科学研究院于 1997 年 6 月、9 月分别对左底孔、右中孔单独泄洪进行了雾化原型观测[1]，分析泄洪方式及泄量大小对雾化的影响，以便确定合理的泄洪方案。泄洪工况的水力学条件见表 3-2。

表 3-2　李家峡水电站泄洪雾化原型观测泄洪工况水力学条件

泄洪工况	上游水位（m）	下游水位（m）	流量 Q（m³/s）	出坎流速（m/s）	入水角度（°）	入水流速（m/s）
右中孔	2 145.0	2 049.0	100	14.8	61.0	31.9
右中孔	2 145.0	2 049.0	300	26.2	61.0	31.9
右中孔	2 145.0	2 049.0	466	28.4	60.2	32.6
左底孔	2 145.5	2 049.0	400	29.6	36.2	31.5

现场观测表明，电站左底孔在库水位为 2 145.5 m，在泄洪流量为 300 ~ 400 m³/s 条件下，暴雨区（降雨强度 $P > 16$ mm/h）在右岸达到 2 140.0 m 高程，左岸最高达到 2 080 m 高程，垂直高度分别为 91 m 与 31 m，雾化边界距离尾水平台约 300 m。右中孔在库水位为 2 145.0 m，泄洪流量 100 ~ 466 m³/s 时，暴雨区在左岸最高达 2 105 m 高程，垂直高度 56 m，雾化边界距离尾水平台达 300 ~ 500 m。鉴于观测流量仅为设计流量的 1/10，李家峡水电站泄洪雾化对下游岸坡稳定的影响不容忽视。根据雾化降雨实测点据，可绘制出雾化降雨等值线分布图，见图 3-2 ~ 图 3-5。

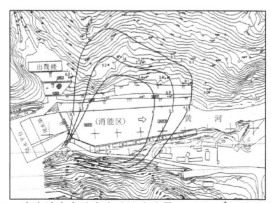

图 3-2　李家峡水电站右中孔泄水流量 Q =100 m³/s 时下游雾化
降雨强度分布　（单位：mm/h）

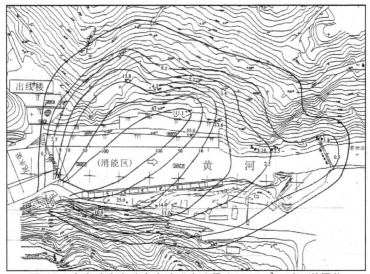

图 3-3　李家峡水电站右中孔泄水流量 Q=300 m³/s 时下游雾化
降雨强度分布　（单位：mm/h）

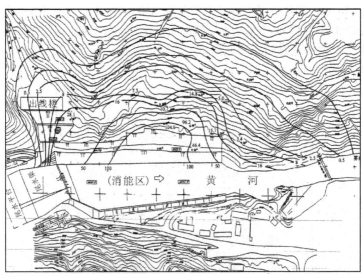

图 3-4　李家峡水电站右中孔泄水流量 Q=466 m³/s 时下游雾化
降雨强度分布　（单位：mm/h）

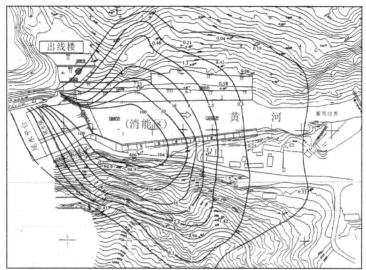

图 3-5　李家峡水电站左底孔泄水流量 Q=400 m³/s 时下游雾化降雨强度分布　（单位：mm/h）

3.3　二滩水电站泄洪雾化

　　二滩水电站位于我国四川省金沙江支流雅砻江的干流下游河段上，是我国在峡谷地区建造的第一座大流量、高水头枢纽工程。电站总装机容量 3 300 MW，保证出力 1 000 MW，多年平均年发电量 170 亿 kW·h，同时兼有其他综合利用效益。

　　二滩水电站大坝为混凝土双曲拱坝，最大坝高 240 m，泄水建筑物由坝身 7 个表孔、6 个中孔及右岸 2 条泄洪洞组成，形成了泄流能力基本相当的三套泄洪设施，总设计流量为 20 590 m³/s，校核流量为 24 050 m³/s，最大泄洪落差 167.5 m，泄洪功率高达 27 000 MW。工程对泄洪消能采取了"分散泄量、降低水流冲刷作用和加固河床抗冲能力"的主导思想，采用了坝身表、中孔空中碰撞与水垫塘消能的泄洪形式，获得了较好的消能效果，但同时在坝下游产生了较为复杂的泄洪雾化。电站泄洪情况见图 3-6、图 3-7。

图 3-6　二滩水电站坝身泄洪情况

图 3-7　二滩水电站右岸 2 条泄洪洞泄洪情况

　　工程在设计阶段，曾对其雾化范围进行了估算和模型试验，并采取了相应的防护措施。1998 年大坝初次蓄水，对只有中、底孔及泄洪洞泄洪进行了原型观测，结果表明，其雾化影响比原设计估计的要严重，由此推测大坝建成后，库水位增至正常蓄水位，表孔也将参与泄洪，泄洪雾化问题将更为突出。为此，二滩水电开发公司委托中国水利水电科学研究院于 1999 年 9~12 月对水电站泄洪雾化进行了较系统的观测[2]，并对坝区岸坡稳定性、建筑物布置的合理性、电厂及输变电系统安全运行、公路交通线路等问题进行分析论证，亦为今后狭谷地区高坝的设计、施工及管理提供科学依据。主要观测工况见表 3-3。

表 3-3　二滩水电站泄洪雾化原型观测工况

泄洪工况	上游水位（m）	下游水位（m）	流量 Q（m³/s）	出坎流速（m/s）	入水角度（°）	入水流速（m/s）
6 中孔全开	1 199.7	1 022.9	6 856	35.3	51.9	50.1
7 表孔全开	1 199.7	1 021.5	6 024	18.2	71.1	49.0
1# 泄洪洞	1 199.8	1 017.7	3 688	41.7	41.5	44.7
2# 泄洪洞	1 199.9	1 017.8	3 692	39.7	44.9	43.5
1、2、6、7 表孔+ 1、2、5、6 中孔	1 199.3	1 023.6	7 757	35.3	51.9	49.7
2、3、4、5、6 表孔+ 3、4、5 中孔	1 199.7	1 023.2	7 748	35.4	51.9	50.1
1#+2# 泄洪洞 联合泄洪	1 199.8	1 022.9	7 378	—	—	—

原型观测表明，坝身泄洪溅起大量水团和水雾，在两岸马道上形成了地面径流。在靠近水舌入水处，降雨形式以激溅降雨为主，雨强较大，随着高程的增加，雾化降雨以凝聚降雨和坡面降雨为主，雨强明显较小。在下游 2 号尾水平台处（L8 测点），当表孔或中孔单独泄洪时，其降雨强度相当于普通降雨，对建筑物和岸坡影响不大；但在表、中孔联合泄洪工况下，该处降雨强度分别为 104 mm/h 和 99.4 mm/h，风速极高，能见度极低，进入水垫塘底板廊道的交通受阻，甚至汽车也无法通过。在水垫塘两岸护坡最高一层马道（左岸 1 115 m 高程处的马道，右岸 1 110.38 m 高程处的马道），部分测点降雨强度依然很大，超过了 100 mm/h，护坡以上山体均有不同程度的局部坍滑，落石使两岸护坡受到一定程度的破坏，在水垫塘底板廊道内能清楚听到落石在水流作用下与底板摩擦和撞击发出的声响，这势必造成对底板的磨损。鉴于未来表、中孔全部参与泄洪时，其流量将远远超过观测流量，因此必须提高两岸岸坡的防护

高程。泄洪雾化区的风速场包括水舌风和自然风，在水垫塘近岸处，自然风对降雨无太大影响，在外围区域，水舌风影响减小，自然风对雾流的扩散产生影响，如受自然风风向的影响，升腾起的雨雾在坝顶处转弯向上游方向运动。

1#泄洪洞出口河谷狭窄，由于对岸下游有一山脊阻挡，泄洪水舌溅起的水雾主要沿对岸山谷向上爬，因此雾化影响范围较小，但出口水舌部分撞击本岸一侧陡岩，对其稳定性造成不利影响，同时在下游2#泄洪洞出口附近岸坡形成中心雨强达266 mm/h的降雨区。2#泄洪洞泄洪水舌的落点也偏向左岸，其雾化暴雨中心的降雨强度可达1 000 mm/h，同时隧洞右岸出口处的坡面雨强较大，为281～323 mm/h，故应作进一步防护。由于出口对岸地形开阔，水雾扩散较充分，范围可达三滩大桥上游约100 m处。1#、2#泄洪洞联合泄洪时，挑流水舌相互干扰较小，各自形成两个暴雨中心，其雾化范围相当于两个泄洪洞单独泄洪时雾化区的叠加，各点降雨强度与叠加值相差不大。

根据雾化降雨实测点据，可绘制出雾化降雨强度等值线分布图，见图3-8～图3-14。

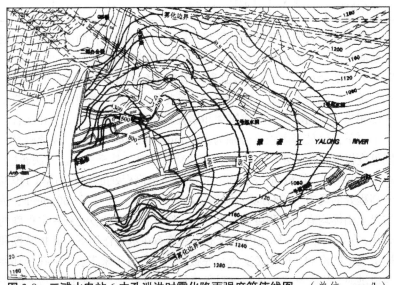

图3-8　二滩水电站6中孔泄洪时雾化降雨强度等值线图　（单位：mm/h）

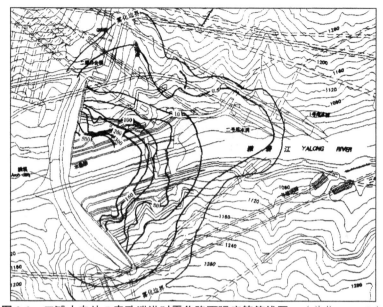

图 3-9 二滩水电站 7 表孔泄洪时雾化降雨强度等值线图 （单位：mm/h）

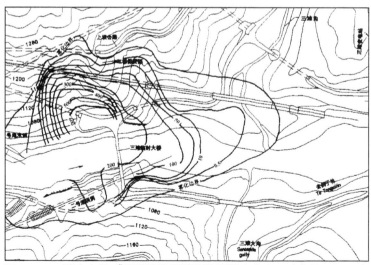

图 3-10 二滩水电站 1#泄洪洞泄洪雾化降雨强度分布 （单位：mm/h）

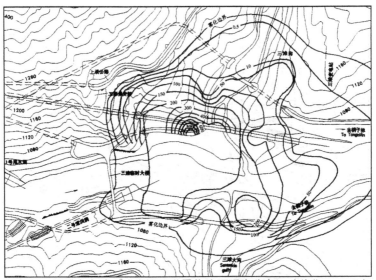

图 3-11　二滩水电站 2#泄洪洞泄洪雾化降雨强度分布　（单位：mm/h）

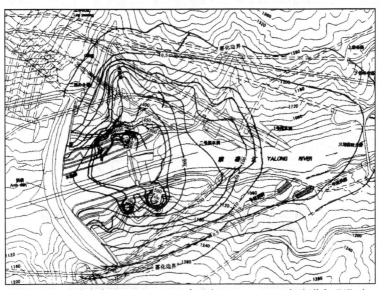

图 3-12　二滩水电站 1、2、6、7 表孔与 1、2、5、6 中孔联合泄洪时
雾化降雨强度等值线图　（单位：mm/h）

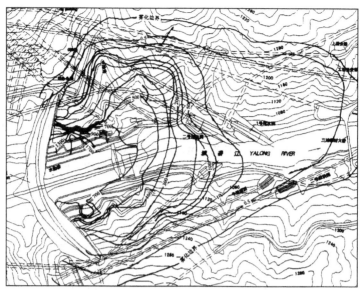

图 3-13 二滩水电站 2、3、4、5、6 表孔与 3、4、5 中孔联合泄洪时
雾化降雨强度等值线图 （单位：mm/h）

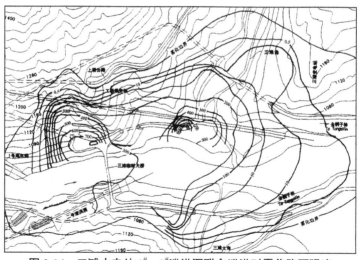

图 3-14 二滩水电站 1#、2# 泄洪洞联合泄洪时雾化降雨强度
等值线图 （单位：mm/h）

3.4 东江水电站泄洪雾化

东江水电站位于湖南省境内耒水河上，电站总库容 81.2 亿 m^3，总装机容量 50 万 kW，并兼有防洪、航运、养殖和工业供水等综合效益。水库坝址处于 V 形峡谷地带，坝顶高程 294 m，最大坝高 157 m，坝顶弧长 438 m，底宽 35 m，顶宽 7 m，是我国 20 世纪 80 年代最高的双曲薄壳拱坝。电站枢纽由混凝土双曲拱坝、坝后式厂房、坝身潜孔滑雪式溢洪道（右岸坝段设置两孔，左岸坝段设置一孔）、左岸一级泄洪洞兼放空隧洞、右岸二级放空隧洞等组成。在 285 m 高程以下宽高比为 2∶1，岸坡陡峻，常水位下水面宽仅 20～40 m。

左右岸溢洪道采用挑流消能形式，进口高程均为 266 m，孔口尺寸均为 10 m×7.5 m（宽×高），左岸滑雪道坡度为 0.993，出口采用扭曲鼻坎，坎末高程 194 m，挑坎末端距坝轴线 127.215 m；右岸两溢洪道采用窄缝式消能工，坎末高程 194 m，左孔坡度为 0.961，右孔坡度为 0.643，出口宽为 2.5 m，挑坎末端坝轴线距离分别为 117.46 m、147.46 m。电站下游泄洪形态参见图 3-15。

图 3-15 东江水电站泄洪全景

中国水利水电科学研究院于1992年10月对左岸滑雪道、右岸左侧滑雪道、右岸右侧滑雪道单独泄洪工况下的泄洪雾化进行了定量观测，同时实测了水舌运动轨迹[3]。泄洪工况的水力学条件见表 3-4。现场观测表明，泄洪雾化对电厂开关站无影响，但导致进厂公路中断，改由左岸交通洞通行。挑流水舌引起的降水与水舌风造成二级洞出口处机修楼严重破坏，需要搬迁。另外，对于雾化影响大的两岸不宜增设永久性建筑物。东江水电站首次采用窄缝式消能工，由于水流在空中掺气量大，水舌密度小，落水时引起的喷溅作用较小，对两岸山坡雾化影响也较小。

表 3-4 东江水电站泄洪雾化原型观测工况水力学条件

泄洪工况	上游水位（m）	下游水位（m）	流量 Q（m³/s）	出坎流速（m/s）	入水角度（°）	入水流速（m/s）
左滑雪道	282.0	147.1	555	31.8	45.3	33.9
右左滑雪道	282.0	148.9	434	30.3	44.1	31.7
右左滑雪道	282.0	149.9	767	33.2	41.5	36.6
右右滑雪道	282.0	150.3	433	29.8	44.5	31.8
右右滑雪道	282.0	150.3	1 043	34.0	40.7	38.8

表 3-5 为此次观测得到的下游雾化雨强分布数据。其中，观测点的空间坐标定义为：以水舌入水点为坐标零点，溢流中心线为 x 轴，横向为 y 轴，下游水位为高程零点。以下均同。

表 3-5 东江水电站泄洪雾化原型观测成果

测点编号	测点位置坐标			降雨强度	工况说明
	x（m）	y（m）	z（m）	P（mm/h）	
右1	22.0	−36.0	13.7	240.0	左滑雪道，开度 63.2%，水舌挑距 141.34 m。出口坐标：11 250，−46 000，190。下游水位：147.94。入水点实测坐标：11 384.749，−46 052.099
右2	56.9	−30.5	14.1	664.0	
右3	93.6	−9.8	13.8	840.0	
右4	122.7	30.8	14.6	246.0	
右5	148.1	41.5	13.7	168.0	
右6	183.6	72.4	12.9	34.5	
右7	221.4	104.7	12.8	32.0	
右8	119.5	−15.6	20.8	444.0	
右9	135.0	−19.8	43.0	112.5	
右10	160.4	26.4	25.1	129.0	

续表 3-5

测点编号	测点位置坐标			降雨强度 P（mm/h）	工况说明
	x（m）	y（m）	z（m）		
左1	84.2	17.6	14.4	—	右左滑雪道，开度52.63%，水舌挑距137.6 m。出口坐标：11 289，-46 136，194。下游水位：148.87。入水点实测坐标：11 407.024，-46 065.693
左2	120.7	1.0	15.0	100.0	
左3	168.0	-18.1	15.1	28.5	
左4	225.6	-16.9	17.5	16.0	
左5	287.6	-25.3	17.6	3.5	
左6	335.0	-28.3	17.7	0	
左7	110.4	22.8	14.9	—	
左8	142.8	12.7	15.0	—	
左9	182.6	2.1	16.2	85.0	
左10	222.7	0.7	29.9	12.0	
左1	75.6	-2.5	14.3	—	右左滑雪道，开度80.1%，水舌挑距147.08 m。出口坐标：11 289，-46 136，194。下游水位：149.03 m。入水点实测坐标：11 415.0，46 060.0。
左2	112.1	-19.2	14.8	193.0	
左3	159.3	-38.2	14.9	89.0	
左4	216.9	-37.0	17.3	46.0	
左5	279.0	-45.4	17.4	33.5	
左6	326.3	-48.4	17.6	50.0	
左7	101.8	2.7	14.8	382.0	
左8	134.2	-7.4	14.8	296.5	
左9	174.0	-18.1	16.0	78.2	
左10	214.0	-19.4	29.7	41.7	
左1	32.1	31.9	14.0	—	右右滑雪道，开度100%，水舌挑距160 m。出口坐标：11 322，-46 136，194。下游水位：149.36 m。入水点实测坐标：11 460.0，46 052.0。
左2	68.6	15.3	14.5	—	
左3	115.9	-3.8	14.6	216.0	
左4	173.5	-2.6	17.0	82.0	
左5	235.5	-10.9	17.1	5.8	
左6	282.9	-14.0	17.2	43.9	
左7	58.3	37.2	14.4	437.0	
左8	90.7	27.0	14.5	—	
左9	130.5	16.4	15.7	483.0	
左10	170.6	15.1	29.4	86.7	
左1	42.4	25.7	14.1	669.0	右右滑雪道，开度52.6%，水舌挑距148.71 m。出口坐标：11 323，-46 133.4，194。下游水位：149.18。入水点实测坐标：11 451.0，46 058.0
左2	78.9	9.1	14.6	850.0	
左3	126.2	-10.0	14.7	80.0	
左4	183.7	-8.8	17.1	4.0	
左5	245.8	-17.1	17.3	0	
左6	293.1	-20.2	17.4	0	
左7	68.6	31.0	14.6	—	
左8	101.0	20.8	14.6	—	
左9	140.8	10.2	15.9	143.0	
左10	180.8	8.8	29.6	13.0	

3.5 东风水电站泄洪雾化

东风水电站位于贵州省境内乌江干流上，电站装机容量 510 MW，保证出力 110 MW，多年平均年发电量 24.2 亿 kW·h。水库正常蓄水位 970 m，相应库容 8.64 亿 m^3，总库容 10.16 亿 m^3。枢纽工程由拱坝、泄洪建筑物和右岸地下厂房等组成。电站大坝采用双曲抛物线薄拱坝，坝顶高程 978.3 m，顶宽 6 m，底厚 25 m，最大坝高 162.3 m，厚高比仅为 0.163。泄洪建筑物由左岸 1 条无压泄洪隧洞和 1 条溢洪道，以及坝身 3 个中孔和 3 个表孔组成。其中，泄洪隧洞长 525 m，堰顶高程 950 m，出口采用斜鼻坎挑流，最大泄流量 3 376 m^3/s；溢洪道长约 270 m，堰顶高程 950 m，出口采用曲面贴角鼻坎挑流，最大下泄流量 4 220 m^3/s；坝身中孔，两边孔为 5 m×6 m （宽×高），中间孔为 3.5 m×4.5 m，进口底部高程 890 m，采用突扩跌坎(掺气)窄缝消能工，最大泄流量 2 621 m^3/s；坝身表孔宽 11 m，堰顶高程 967 m，出口为挑流连续鼻坎，挑角 14°，最大下泄流量 2 250 m^3/s。电站泄洪全景见图 3-16。

图 3-16 东风水电站泄洪全景

南京水利科学研究院于 1997 年 8 ~ 9 月分别对泄洪洞、坝体中孔、溢洪道的泄洪雾化进行了观测，测取了雾化降雨强度、雨区范围、雾区范围及可见度等资料[4]，观测条件的水力学指标见表 3-6。现场观测表明，泄洪洞运行时，水舌抛撒与激溅雨区主要集中于右岸，即泄洪洞轴线与岸坡交点略偏上游的山坡上，测得雨强最大可达 1 260 mm/h，高程在 880 m 以下，该区域内暴雨冲刷，人员不宜通行；中孔泄洪时，雾化暴雨区主要集中在两岸高程 870 m 以下的山坡上，纵向范围约 150 m，测得的最大雨强约 907 mm/h；溢洪道泄洪时，暴雨区也集中在与溢流轴线相交点偏上游的右岸山坡，高程在 885 m 以下，纵向长度约 800 m。其中，交通洞洞口雨强约 1 800 mm/h，狂风暴雨，空气稀薄，可见度仅 4 ~ 5 m，该区域交通中断。东风水电站坝身泄洪消能设计较为得当，消能效果极好，随之而来的是雾化程度较同类工程严重，但坝区地质条件较好，抗冲性能较高。同时，由于布置得当，开关站不在雾化降雨区内，防雾工作相对简单。雾化主要影响进厂公路与下层公路，在公路左侧 980 m 高程以下山坡需要加强防护，防止长期雾化暴雨冲刷。对于设计流量以上及联合泄洪工况，未作监测。

表 3-6　东风水电站泄洪雾化原型观测工况水力学指标

泄洪工况	上游水位（m）	下游水位（m）	流量 Q（m³/s）	出坎流速（m/s）	入水角度（°）	入水流速（m/s）
右中孔	968.9	842.5	1 072	36.0	39.4	42.2
中中孔	968.0	840.8	538	35.0	42.2	38.2
左中孔	967.4	840.0	989	35.7	40.5	42.1
泄洪洞	967.7	844.7	1 926	24.6	62.5	42.4
左溢洪道	969.7	851.0	2 566	33.6	38.9	40.0

本次泄洪雾化观测的降雨强度计算结果见表 3-7。

表 3-7 东风水电站泄洪雾化原型观测成果

测点编号	测点位置坐标			降雨强度 P （ mm/h ）	工况说明
	x （ m ）	y （ m ）	z （ m ）		
T-1	−99.6	−12.0	7.3	141.0	
T-2	−73.0	−17.5	8.2	3 061.0	
T-3	−50.8	−20.9	2.5	3 109.0	
T-4	−73.3	−23.7	25.3	4 063.0	
T-5	−60.5	−26.2	25.0	3 884.0	
T-6	−32.8	−66.5	115.0	0	
T-7a	−17.6	−74.7	119.2	0	
T-7b	691.4	74.1	117.5	0	
T-8	30.6	−85.5	119.5	0	
T-9a	246.0	−54.0	25.5	0	
T-9b	234.0	−65.1	25.4	0	
T-10a	310.1	−47.8	31.5	36.5	
T-10b	429.9	−30.0	42.2	0	右中孔,水舌挑距 120 m, 入水点坐标: 614 568.970 8, 2 972 334.114 2。下游水位 H =842.5 m
T-14a	398.2	−6.9	8.3	0.3	
T-16	200.9	76.5	107.7	0.3	
T-17	54.5	−193.5	157.9	0.1	
T-19	−334.9	−30.2	32.2	0.1	
T-20	−286.0	42.5	39.5	0	
T-21	−219.0	168.0	53.1	0	
T-22	837.8	549.3	70.8	0	
T-23	866.3	512.7	70.8	0	
T-24	915.5	561.4	70.8	0	
T-25	84.2	−146.5	136.1	0	
T-26	154.5	−172.7	135.3	0	
T-27	332.5	−129.9	140.0	0	
T-32	−30.6	70.8	109.5	0.1	
T-33	114.6	65.6	65.2	58.7	

测点编号	测点位置坐标			降雨强度 P（mm/h）	工况说明
	x（m）	y（m）	z（m）		
T-1	−103.4	−39.2	9.4	453.6	
T-2	−76.3	−39.2	10.2	453.6	
T-3	−53.8	−38.0	4.5	2 902.3	
T-4	−75.3	−45.4	27.3	297.2	
T-5	−62.3	−45.2	27.0	2 377.0	
T-6	−26.9	−79.0	117.1	0	
T-7a	−10.4	−83.9	121.2	0	
T-7b	653.4	206.4	119.6	0	
T-8	39.0	−84.6	121.6	0	
T-9a	243.5	−9.9	27.5	21.8	
T-10a	305.0	9.3	33.6	0	
T-10b	418.6	51.2	44.2	1.2	
T-12	135.3	−11.4	6.4	375.4	
T-13	−408.9	−409.8	151.8	0	
T-14a	382.8	67.3	10.4	0.7	
T-15	−373.9	−187.9	28.2	0.1	
T-16	172.6	108.7	109.8	0	中中孔，水舌挑距 131 m，
T-17	84.4	−185.5	160.0	0	入水点坐标：614 579.412 6，
T-18	334.4	156.0	102.9	0	2 972 337.703 6。下游水位
T-19	−330.1	−105.1	34.2	0	H=840.45 m
T-20	−297.0	−23.9	41.6	0	
T-21	−257.0	112.6	55.1	0	
T-22	699.7	701.5	72.9	0	
T-23	735.1	671.4	72.9	0	
T-24	773.3	729.2	72.9	0	
T-25	104.0	−133.5	138.1	0	
T-26	178.1	−144.7	137.4	0	
T-27	343.6	−66.5	142.1	0	
T-28	433.8	−119.5	151.1	0	
T-29	−315.2	−337.2	140.1	0	
T-30	−100.7	47.1	109.5	0	
T-31	−79.5	49.9	110.0	0	
T-32	−52.8	55.8	111.6	0	
T-33	90.4	80.4	67.2	31.3	
T-34	269.6	125.9	107.9	0	
T-35	348.7	153.8	98.9	0	
T-36	254.1	−15.2	28.1	0	

测点编号	测点位置坐标			降雨强度 P （mm/h）	工况说明
	x（m）	y（m）	z（m）		
T-1	-93.5	-63.6	9.8	140.8	
T-2	-66.8	-59.2	10.7	391.1	
T-3	-44.8	-54.4	5.0	782.1	
T-4	-64.8	-65.1	27.8	907.3	
T-5	-51.9	-62.8	27.5	594.4	
T-6	-11.5	-90.4	117.5	0	
T-7a	5.5	-92.5	121.7	0	
T-7b	613.0	302.3	120.0	0	
T-8	54.4	-85.2	122.0	0	
T-9a	243.9	22.0	28.0	5.0	
T-10a	301.5	50.9	34.0	0.2	
T-10b	406.7	110.8	44.7	1.1	
T-13	-334.4	-479.1	152.3	0	
T-14a	368.8	120.9	10.8	3.9	
T-15	-336.1	-254.5	28.7	0.3	
T-16	154.7	127.4	110.2	0.2	左中孔，水舌挑距
T-17	115.7	-177.3	160.4	0	121 m，水舌入水点坐
T-18	306.5	200.4	103.3	0	标：614 581.758 2，
T-19	-306.4	-165.6	34.7	0.3	2 972 345.691 2。下游
T-20	-287.0	-80.2	42.0	0.1	水位 H=840 m
T-21	-269.8	61.1	55.6	2.4	
T-22	577.8	798.3	73.3	0	
T-23	617.7	774.4	73.3	0	
T-24	645.9	837.7	73.3	0	
T-25	126.5	-122.7	138.6	0	
T-27	352.0	-17.6	142.5	0	
T-28	449.6	-55.1	151.5	0	
T-29	-253.8	-392.2	140.6	0	
T-30	-104.9	22.0	110.0	0	
T-31	-84.5	28.2	110.5	0	
T-32	-59.1	38.4	112.0	0	
T-33	78.2	86.0	67.7	28.0	
T-34	247.5	160.2	108.3	0.1	
T-35	321.0	200.7	99.3	0.3	
T-36	255.2	18.5	28.5	0	

测点编号	测点位置坐标			降雨强度 P（mm/h）	工况说明
	x（m）	y（m）	z（m）		
T-1	−561.4	−153.8	5.1	0	
T-2	−534.3	−154.9	5.9	0	
T-3	−511.7	−154.7	0.2	0	
T-4	−533.6	−161.1	23.1	0	
T-5	−520.5	−161.5	22.8	0	
T-6	−486.6	−196.8	112.8	0	
T-7a	−470.3	−202.3	116.9	0	
T-7b	205.1	59.6	115.3	0	
T-9a	−213.5	−139.1	23.3	5.5	
T-10a	−151.3	−122.6	29.3	1 260.5	
T-10b	−36.1	−85.5	39.9	598.0	
T-13	−882.2	−511.1	147.6	0.07	
T-15	−837.9	−290.9	24.0	133.0	
T-16	−279.3	−17.6	105.5	0	
T-17	−379.9	−307.9	155.7	0	泄洪洞，水舌挑距 112 m，入水点坐标：615 049.530 7，2 972 299.957 0。下游水位 H=844.72 m
T-18	−115.7	22.7	98.6	0	
T-19	−790.6	−210.0	29.9	3.8	
T-20	−754.1	−130.3	37.3	1.7	
T-21	−708.4	4.4	50.9	0	
T-22	272.3	552.4	68.6	0	
T-23	306.5	520.8	68.6	0	
T-24	347.0	576.9	68.6	0	
T-25	−358.1	−256.7	133.9	0	
T-26	−284.6	−271.0	133.1	0	
T-27	−115.9	−199.9	137.8	7.6	
T-28	−28.0	−256.7	146.8	0	
T-29	−785.5	−442.5	135.9	0	
T-30	−555.0	−67.6	105.2	0	
T-31	−533.7	−65.8	105.7	0	
T-32	−506.8	−60.9	107.3	0	
T-33	−362.6	−42.5	62.9	0	
T-34	−181.7	−4.5	103.6	0	
T-35	−101.5	20.0	94.6	0	

测点编号	测点位置坐标			降雨强度 P （mm/h）	工况说明
	x （m）	y （m）	z （m）		
T-1	−320.8	−162.1	2.3	520.0	
T-2	−294.2	−156.8	3.2	492.8	
T-3	−272.4	−151.3	-2.5	75.0	
T-4	−292.0	−162.7	20.3	4.9	
T-5	−279.3	−160.0	20.0	0.5	
T-6	−238.0	−186.3	110.0	0	
T-7a	−220.9	−187.9	114.2	0	
T-7b	374.0	225.6	112.5	0.1	
T-8	−172.3	−179.1	114.5	0	
T-9b	7.1	−80.9	20.4	1 680.0	
T-10b	173.7	27.8	37.2	807.6	
T-11	−190.9	−121.3	-3.7	355.9	
T-13	−548.6	−584.8	144.8	0.1	
T-14a	135.5	36.7	3.3	1 122.4	
T-15	−557.3	−360.4	21.2	95.8	左溢洪道，水舌挑距 110 m，入水点坐标：614 826.279 7，2 972 301.834 2。下游水位 H =847.5 m
T-16	−78.7	36.5	102.7	0	
T-18	70.9	114.3	95.8	0	
T-20	−513.7	−184.7	34.5	39.4	
T-21	−500.9	−43.0	48.1	5.1	
T-22	323.5	720.3	65.8	0.1	
T-23	364.1	697.7	65.8	0.7	
T-24	390.3	761.7	65.8	0	
T-25	−99.1	−214.3	131.1	0.1	
T-26	−24.2	−211.0	130.3	5.1	
T-27	123.0	−102.2	135.0	12.0	
T-28	221.8	−136.7	144.0	1.1	
T-29	−470.8	−495.5	133.1	0	
T-30	−334.9	−76.9	102.5	0	
T-31	−314.6	−70.0	103.0	0	
T-32	−289.5	−59.0	104.5	0	
T-33	−153.8	−7.2	60.2	0	
T-34	13.1	72.2	100.8	0	
T-35	85.3	115.0	91.8	1.0	
T-36	25.2	−69.2	21.0	1 851.0	

3.6 鲁布革水电站泄洪雾化

鲁布革水电站位于云南、贵州交界的黄泥河上，首部枢纽包括拦河坝、泄水建筑物及排沙隧洞。拦河坝为心墙堆石坝，最大坝高 103.8 m，坝顶高程 1 138 m，顶长 217 m，心墙顶宽 5 m、底宽 38.25 m。泄水建筑物包括：左岸 2 孔开敞式溢洪道，每孔宽 13 m，堰顶高程 1 112.6 m，最大泄流量 6 424 m³/s；左岸泄洪隧洞，进口底板高程 1 080 m，长 723.83 m，有压段洞径 11.5 m，最大泄流量 1 995 m³/s；右岸泄洪隧洞，进口底板高程 1 060 m，长 681.08 m，有压段洞径 10 m，最大泄流量 1 658 m³/s。工程总体布置与泄洪运行情况见图 3-17、图 3-18。

图 3-17　鲁布革水电站全景

中国水利水电科学研究院于 1991 年对左岸溢洪道进行雾化观测[5]，观测期间上游最高水位为 1 127.7 m，流量为 1 800 m³/s，出口流速约 27 m/s。具体水力学条件见表 3-8。

观测结果表明，泄洪时在距坝趾下游 600 m 的公路桥上仍有雾气，雾化的纵向范围位于右岸泄洪洞出口下游 130～240 m，并沿右岸山坡

图 3-18　鲁布革水电站右岸泄洪洞雾化全景

表 3-8　鲁布革水电站泄洪雾化原型观测工况水力学条件

泄洪工况	上游水位 （m）	下游水位 （m）	流量 Q （m³/s）	出坎流速 （m/s）	入水角度 （°）	入水流速 （m/s）
左溢洪道	1 127.5	1 054.0	1 700	27.1	35.0	30.1
左溢洪道	1 126.7	1 048.0	1 440	26.5	39.8	31.1
左溢洪道	1 123.1	1 043.0	1 000	24.6	44.5	30.6
左溢洪道	1 121.5	1 041.0	770	23.1	47.1	29.9
左泄洪洞	1 127.7	1 050.0	1 800	27.0	31.5	29.1
左泄洪洞	1 124.0	1 050.0	1 727	26.1	32.1	28.4

升腾,高程达 1 139.0 m,河床中心浓雾的升腾高程达 1 130 m 以上。1992
年对左岸泄洪洞进行的雾化观测表明,浓雾区集中于右岸,沿河床方向
长约 150 m,在距左岸泄洪洞出口约 310 m 下游处的公路桥上仍有蒙蒙
细雨,浓雾升至 1 095 m 高程。分析表明,电站泄洪雾化主要对右岸公
路交通造成影响,特别是右岸底层公路处于暴雨中心,风速大,能见度
低,并伴有滚石落下,因此泄洪时应避免行人与车辆通行。上述原型观
测工作的数据计算分析结果见表 3-9。

表 3-9　鲁布革水电站泄洪雾化原型观测成果

测点编号	测点位置坐标			降雨强度 P（mm/h）	工况说明
	x（m）	y（m）	z（m）		
4	-19.0	-70.0	9.2	0	
5	0.2	-64.3	9.6	5.75	
6	19.0	-57.5	9.6	9.1	
7	38.1	-51.5	9.5	20.2	
8	60.0	-55.5	9.4	25.1	
9	57.8	-40.0	9.4	135.2	溢洪道全开，流量 1 700 m³/s，时间 85 min，上游水位 1 127.3～1 128.7 m，下游水位（流量）为 1 040（1 000 m³/s）～1 055（2 000 m³/s）m，根据流量，约为 1 054 m，水舌挑距 75 m。落点：-55 964.93，62 303.08
10	79.5	-49.2	8.9	33.5	
11	76.0	-34.8	8.7	110.9	
12	98.2	-30.9	8.7	37	
13	100.4	-41.7	8.3	31.5	
14	115.4	-23.9	8.3	23.05	
15	118.2	-40.0	9.8	16.6	
16	135.1	-28.0	7.9	11.1	
17	154.7	-24.2	7.7	5.2	
18	174.2	-19.8	7.4	3.9	
19	213.8	-14.5	6.9	1.7	
20	253.5	-10.3	6.6	0.5	
35	272.5	50.8	6.2	0	
5	0.2	-64.3	15.6	1.7	
6	19.0	-57.5	15.6	3.3	
7	38.1	-51.5	15.5	5.8	
8	60.0	-55.5	15.4	59.35	溢洪道全开，流量 1 440 m³/s，时间 40 min，上游水位 1 127.01～1 126.55 m，下游水位 1 048 m，水舌挑距 74.96 m，落点：-55 964.93，62 303.08
9	57.8	-40.0	15.4	49.05	
10	79.5	-49.2	14.9	76.65	
11	76.0	-34.8	14.7	34.2	
12	98.2	-30.9	14.7	41.8	
13	100.4	-41.7	14.3	18	
14	115.4	-23.9	14.3	22.35	

续表 3-9

测点编号	测点位置坐标			降雨强度 P（mm/h）	工况说明
	x（m）	y（m）	z（m）		
15	118.2	−40.0	15.8	14.8	溢洪道全开，流量 1 440 m³/s，时间 40 min，上游水位 1 127.01 ～ 1 126.55 m，下游水位 1 048 m，水舌挑距 74.96 m，落点：−55 964.93，62 303.08
16	135.1	−28.0	13.9	6.4	
17	154.7	−24.2	13.7	5.6	
19	213.8	−14.5	12.9	1.6	
21	201.9	77.8	9.0	0	
22	163.0	66.0	7.1	0.6	
23	161.3	79.6	7.0	1.8	
25	140.8	76.5	6.2	2.6	
3	−36.4	−76.5	19.6	0.3	溢洪道全开，流量 1 000 m³/s，时间 73 min，上游水位 1 124.60 ～ 1 123.60 m，下游水位 1 043 m，水舌挑距 73.6 m。落点：−55 965.7，62 304.25
4	−17.6	−70.0	20.2	0.1	
5	1.6	−64.3	20.6	3.4	
6	20.4	−57.4	20.6	6.2	
7	39.5	−51.5	20.5	16.4	
8	61.4	−55.5	20.4	18.7	
9	59.2	−40.0	20.4	22.8	
10	80.9	−49.2	19.9	18.9	
11	77.4	−34.8	19.7	31.2	
12	99.7	−30.9	19.7	19.4	
14	116.8	−23.9	19.3	12.5	
15	119.6	−40.0	20.8	9	
16	136.5	−28.0	18.9	7.7	
17	156.1	−24.2	18.7	4.2	
18	175.6	−19.8	18.4	2	
20	254.9	−10.3	17.6	1.6	
21	203.3	77.8	14.0	0	
22	164.4	66.0	12.1	0	
26	123.5	63.5	9.7	0.4	

测点编号	测点位置坐标			降雨强度 P （mm/h）	工况说明
	x（m）	y（m）	z（m）		
27	123.0	73.6	11.8	4.1	
28	104.2	66.9	9.1	7.6	
30	84.3	70.9	9.5	14.4	
31	63.6	67.7	9.0	22.7	
33	45.5	55.8	7.0	25.8	
35	273.9	50.8	17.2	0	
5	6.0	−64.3	22.6	1.1	
6	24.8	−57.4	22.6	12.2	
7	43.9	−51.5	22.5	25.05	
9	63.6	−40.0	22.4	28.3	
10	85.2	−49.2	21.9	24.95	
11	81.8	−34.8	21.7	51.35	
12	104.0	−30.9	21.7	18.7	
13	106.1	−41.7	21.3	18.9	溢洪道全开，流量 770 m³/s，时间 65 min，上游水位 1 121.84～1 121.20 m，下游水位 1 041 m，水舌挑距 69.25 m。落点：−55 968.07，62 307.89
14	121.2	−23.9	21.3	10.2	
15	124.0	−40.0	22.8	12.6	
16	140.8	−28.0	20.9	6.5	
17	160.5	−24.2	20.7	3.5	
18	179.9	−19.8	20.4	1.9	
19	219.6	−14.5	19.9	0.6	
21	207.7	77.8	16.0	0.8	
22	168.7	66.0	14.1	0.1	
23	167.0	79.6	14.0	0.03	
25	146.6	76.5	13.2	0.6	

测点编号	测点位置坐标			降雨强度 P (mm/h)	工况说明
	x (m)	y (m)	z (m)		
9	39.2	−59.0	8.4	36.6	
10	62.5	−62.6	7.9	63.5	
11	55.5	−49.5	7.7	116.5	
12	76.1	−40.2	7.7	228	
13	80.9	−50.2	7.3	51.5	
14	91.0	−29.2	7.3	150.5	
15	97.7	−44.1	8.8	76	左岸泄洪洞从 0 到全开，流 1 800 m³/s，历时 95 min，上游水位 1 128.22 ~ 1 127.20 m，下游水位 1 055 m，水舌挑距 62.52 m。落点：55 923.63，62 288.90
16	111.1	−28.3	6.9	97	
17	129.2	−19.8	6.7	46.8	
18	147.0	−10.8	6.4	14	
19	184.1	4.2	5.9	5.4	
20	221.5	18.1	5.6	1.3	
21	149.8	90.6	2.0	0.2	
22	114.9	69.6	0.1	1.6	
23	109.9	82.4	0	4	
25	90.9	74.3	−0.8	10.2	
A2	31.1	−87.1	21.7	1.1	
A4	56.1	−80.9	25.3	4.3	
A5	57.3	−72.9	17.2	7	
A6	65.5	−71.2	23.7	7.1	
A8	108.3	−44.9	20.5	40	左岸泄洪洞，流量 1 727 m³/s，历时 70 min，库水位 1 124.71 ~ 1 123.67 m，下游水位 1 050 m，水舌挑距 59.56 m。落点：−55 924.58，62 291.70
A9	113.8	−42.3	17.1	84.3	
A10	4.3	−98.2	14.2	0	
A11	23.9	−84.7	14.0	1	
A12	17.3	−72.7	13.7	1.5	
A13	40.6	−72.6	13.8	6.5	
A14	36.3	−65.9	13.8	7.5	
A15	48.9	−58.9	13.6	3.2	

测点编号	测点位置坐标			降雨强度 P（mm/h）	工况说明
	x（m）	y（m）	z（m）		
A17	61.5	−50.5	13.1	27.1	
A18	83.5	−50.5	12.9	69.5	
A19	79.6	−42.4	12.8	95.3	
A20	101.1	−42.0	12.4	66.5	
A21	97.4	−33.5	12.7	80.7	
A22	122.8	−31.7	12.0	44	
A23	118.8	−24.1	12.3	48.5	
A24	131.9	−19.6	12.3	27.5	
A25	145.5	−19.8	11.8	12.2	
A26	141.9	−13.1	12.1	16.7	左岸泄洪洞，流量 1 727 m³/s，历时 70 min，库水位 1 124.71 ~ 1 123.67 m，下游水位 1 050 m，水舌挑距 59.56 m。落点：−55 924.58，62 291.70
A27	160.2	−4.5	11.4	13	
A28	169.4	−1.4	11.3	9.2	
A29	194.9	10.1	11.1	2.5	
A30	45.6	−53.6	11.4	15.7	
A31	52.3	−50.1	10.8	40.5	
A32	66.5	−42.8	11.0	77.4	
A33	99.1	−23.6	10.4	128.6	
A34	145.9	85.9	6.8	1	
A35	128.9	76.7	5.5	2	
A36	107.5	72.3	4.5	4	
A41	−55.5	−16.1	5.4	2.3	
A42	−73.9	−20.9	8.0	2.5	

3.7 小 结

本章对于国内工程泄洪雾化的实际观测情况进行简要介绍，并对几个典型工程的原型观测资料进行整理与计算，给出了降雨强度的分布或具体数据。需要指出的是，在雾化原型观测资料中，对于当地自然风场、自然降雨、空气温度与湿度等自然气象条件，并无详细的记录。因此，基于上述原型观测数据开发的泄洪雾化经验预报方法,将暂不考虑上述影响。

参 考 文 献

[1] 刘继广,张友科,高季章.黄河李家峡水电站泄流雾化降雨观测报告[R].北京:中国水利水电科学研究院,1998.

[2] 刘之平,刘继广,郭军.二滩水电站高双曲拱坝泄洪雾化原型观测报告[R]. 北京:中国水利水电科学研究院,2000.

[3] 刘敏南,高季章.东江水电站滑雪式溢洪道泄流雾化原型观测[C]//中国水力发电工程学会泄水工程与高速水流信息网第四届会议,1994.

[4] 陈帮富.东风水电站水力学原型观测成果综述[J].贵州水利发电,2001,15(1).

[5] 陈维霞.鲁布革水电站泄水建筑物雾化原型观测[J].云南水力发电,1996(4).

第4章 泄洪雾化规律的统计分析

4.1 泄洪雾化的影响因素

泄洪雾化的影响因素可归结为水力学因素、地形因素及气象因素。其中，水力学因素包括上下游水位差、泄洪流量、水舌入水角度、孔口挑坎形式、下游水垫深度、水舌空中流程以及水舌掺气特性等；气象因素主要指坝区自然气候特征，如风力、风向、气温、日照、日平均蒸发量等。

从原型观测结果可以总结出泄洪雾化的规律如下：

（1）随流量、落差的增加，降雨强度增加，雾化范围扩大；

（2）表中孔对撞引起的泄洪雾化更为严重；

（3）雾化降雨有随机性的一面，即使在相同泄水条件下，同一点的降雨强度也会随时间而改变；

（4）当冲沟发育，而水舌入水激溅的范围又在冲沟附近时，水雾沿冲沟爬行而上，形成较强的雾化降雨；

（5）下游河谷顺直与否也是影响因素之一，若河道存在平面转弯，则在弯道下游可能因气雾飘散而形成局部降雨；

（6）当自然风与水舌风同向时，雾化更严重一些。

可见，影响泄洪雾化的因素众多，影响机制也十分复杂，在研究中应当抓住主要影响因素，进行简化处理。

鉴于水力学因素是泄洪雾化的最根本、最重要的影响因素，地形条件与气象因素的影响应是第二位的。因此，可暂不考虑地形条件与气象因素的影响，利用现有的原型观测资料，首先建立泄洪雾化与水力学因素之间的定量关系并用于泄洪雾化预测，再根据具体工程的地形条件与气象因素对预测结果进行修正。由于地形与气象条件对泄洪雾化的影响均具有不确定性，当原型观测数据足够多时，根据原型观测资料所建立的定量关系将能够充分反映水力学因素对泄洪雾化的影响程度。

4.2 基于雾化原型观测资料的统计分析成果

4.2.1 雾化纵向边界与水力因素间的经验关系

泄洪雾化的量化指标包括降雨强度分布与雾化边界。从目前所收集到的原型观测资料看，由于观测难度比较大，泄洪雾化降雨区内降雨强度分布的完整资料比较少见，相对而言，雾化纵向区边界的原型观测数据相对而言更容易得到，因此数据较为完备。

本节首先探讨并建立雾化纵向边界 L 与水力学因素之间的定量关系。这里，雾化纵向边界 L 是指雾化降雨区在降雨强度接近于零的位置距水舌入水点（区域）的水平距离。

从雾化形成机制看，泄洪雾化一方面源于水舌在空中的裂散，另一方面源于水舌入水时所产生的一系列物理现象。根据原型观测资料及前文的分析可见，水舌入水时的运动特性为主要的雾化源，故泄洪雾化的主要水力学影响因素可归纳为水舌入水速度、入水角度、泄流量及下游水垫塘深度等几个参数。

从原型观测成果以及水舌入水引起激溅反弹的机制分析：上下游水位差与泄流量越大，下游水垫塘越浅，泄洪雾化就越严重。考虑到在水工设计中，一般都对水垫塘深度进行了优化设计，以便将塘底所承受的冲击压力控制在一定范围内，水垫塘的水深一般都比较大，因此水垫塘深度可不作为影响泄洪雾化的主要因素。

泄洪雾化纵向边界 L 的估算公式可用 Rayleigh 量纲分析方法[1]：假定泄洪雾化纵向边界 L 与水舌入水速度 V_c、入水角度 θ 的余弦函数、流量 Q、重力加速度 g 及水的密度 ρ 有关，并设

$$L = C\rho^{k_1} g^{k_2} Q^{k_3} V_c^{k_4} \theta^{k_5} \qquad (4\text{-}1)$$

选定 [M，L，T] 为 3 个基本尺度，则有

$$[L] = [ML^{-3}]^{k_1} [LT^{-2}]^{k_2} [L^3 T^{-1}]^{k_3} [LT^{-1}]^{k_4}$$

根据尺度和谐，要求

$$k_1 = 0$$
$$-3k_1 + k_2 + 3k_3 + k_4 = 1$$

$$-2k_2 - k_3 - k_4 = 0$$

因此，有

$$k_1 = 0$$

$$k_3 = \frac{1+k_2}{2}$$

$$k_4 = -\frac{1+5k_2}{2}$$

所以，式（4-1）可表达为

$$L = Cg^{k_2}Q^{\frac{1+k_2}{2}}V_c^{-\frac{1+5k_2}{2}}\theta^{k_5} = C\left(\frac{Q}{V_c}\right)^{\frac{1}{2}}(Q^{\frac{1}{2}}V_c^{-\frac{5}{2}}g)^{k_2}\theta^{k_5} \qquad （4-2）$$

式中：C、k_2、k_5 为待定的经验常数；L 为雾化纵向边界，可由原型观测结果确定的雾化边界及水舌入水距离确定；V_c 与 θ 分别为水舌入水速度与入水角，可直接采用原型观测结果，或按下述方法进行估算。

首先确定泄水道出口断面出射流速。设泄洪孔口出口底高程、出射角、出口宽度、泄流量、孔口流速系数、上游水位、下游水位分别为 H_0、α、B、Q、ϕ、H_1、H_2，则泄水道出口断面水深 h_0 可由下式试算或迭代求解：

$$h_0 = \frac{Q}{\phi B\sqrt{2g(H_1 - H_0 - h_0\cos\alpha)}} \qquad （4-3）$$

流速系数 ϕ 可根据下式计算[2]：

$$\phi = \sqrt{1 - 0.21\frac{s^{3/8}(H_1 - H_0)^{1/4}g^{1/4}k_s^{1/8}}{q^{1/2}}} \qquad （4-4）$$

式中：k_s 为水流边壁绝对粗糙度，对混凝土坝面 $k_s=0.000\,61$；s 为泄水建筑物泄水边界流程长度；q 为鼻坎断面单宽流量；g 为重力加速度。

由式（4-3）、式（4-4）求出 h_0 后，即可求出口流速 u_0：

$$u_0 = \frac{Q}{Bh_0} = \phi\sqrt{2g(H_1 - H_0 - h_0\cos\alpha)} \qquad （4-5）$$

根据刚体抛射理论可得到忽略空气阻力条件下的水舌入水挑距 L_b 与入水角 θ：

$$L_b = \frac{u_0\cos\alpha}{g}\left[u_0\sin\alpha + \sqrt{u_0^2\sin^2\alpha + 2g\left(H_0 - H_2 + \frac{h_0}{2}\cos\alpha\right)}\right] \qquad （4-6）$$

$$\tan\theta = -\sqrt{\tan^2\alpha + \frac{2g}{u_0^2\cos^2\alpha}\left(H_0 - H_2 + \frac{h_0}{2}\cos\alpha\right)} \qquad (4\text{-}7)$$

考虑到高坝挑流水舌在空中的运动轨迹较长，在计算入水流速 V_c 时应考虑空气阻力的影响，这里按照文献[3]提供的方法计算入水流速 V_c，具体计算公式如下：

$$V_c = \phi_a \sqrt{u_0^2 + 2g\left(H_0 - H_2 + \frac{h_0}{2}\cos\alpha\right)} \qquad (4\text{-}8)$$

式中：ϕ_a 为空中流速系数，与水舌抛射运动的弧长 s 有关。

$$\phi_a = 1 - 0.002\,1\frac{s}{h_0} \qquad (4\text{-}9)$$

$$s = \frac{(u_0^2\cos\alpha)^2}{2g}\left[t\sqrt{1+t^2} + \ln\left|2t + 2\sqrt{1+t^2}\right| \right]_{t(0)}^{t(l_b)} \qquad (4\text{-}10)$$

$$t(x) = \frac{gx}{(u_0^2\cos\alpha)^2} - \tan\alpha \qquad (4\text{-}11)$$

从上述计算公式可见，孔口出射角 α 的大小对水舌入水角 θ 的影响较大，对于窄缝挑流或扭曲鼻坎，由于出射角较难确定，情况要复杂得多[4-6]，在这种情况下，最好根据原型观测数据或模型试验结果直接确定入水角与水舌挑距。如无相关资料，则暂按下述方法确定出射角：①对扭曲鼻坎，采用溢流出口断面中心线上的坝面出口挑角进行计算；②对窄缝挑坎，设已知收缩比为 β、收缩段长度为 L'、出口断面宽度为 b、出口流速为 u_0、出口断面挑角或俯角为 α_0，根据水流连续方程不难导出泄流量为 Q 时，水舌外缘出射角 γ 应满足

$$\gamma = \alpha_0 + \arctan\left[\frac{Q(1-\beta)}{u_0 bL'}\right] \qquad (4\text{-}12)$$

根据式（4-12）可计算出水舌外缘出射角。文献[5]研究认为，水舌外缘纵向拉开的控制角以小于或等于 35°为宜，因此在资料不全的情况下，可取水舌外缘出射角 γ 为 30°。

根据风滩、白山、东江、二滩、葱窝、东风等工程的泄洪雾化原型观测资料，并由式（4-3）～式（4-12）计算出式（4-2）中各相关变量的数值，见表 4-1。

表 4-1 泄洪雾化原型观测资料

工程	泄洪工况	上游水位 （m）	下游水位 （m）	流量 Q（m³/s）	入水流速 V_c（m/s）	入水角 θ（°）	水舌挑距 L_b（m）	雾雨边界 L（m）
白山	3 深孔联合	369.7	292.1	1 668	35.8	68.4	54	304
	1#高孔	416.5	291.6	830	37.6	41.2	143	400
	18#高孔	412.5	292.1	484	33.7	38.8	114	415
李家峡	右中孔	2 145.0	2 049.0	100	31.9	61.0	86	224
	右中孔	2 145.0	2 049.0	300	31.9	61.0	86	394
	右中孔	2 145.0	2 049.0	466	32.6	60.2	95	405
	左底孔	2 145.5	2 049.0	400	31.5	36.2	83	297
东江	左滑	282.0	147.1	555	33.9	52.0	124	300
	右左滑	282.0	149.9	767	36.6	59.0	99	240
	右右滑	282.0	150.3	1 043	38.8	63.0	102	320
东风	右中孔	968.9	842.5	999	41.9	39.4	120	480
	中中孔	968.0	840.9	522	38.2	42.2	131	369
	左中孔	967.4	840.0	989	42.1	40.5	121	364
	泄洪洞	967.7	844.7	1 926	42.4	62.5	112	388
二滩	6 中孔联合	1 199.7	1 022.9	6 856	50.1	51.9	180	728
	7 表孔联合	1 199.7	1 021.5	6 024	49.0	71.1	114	669
	1#泄洪洞	1 199.8	1 017.7	3 688	44.7	41.5	194	566
	2#泄洪洞	1 199.9	1 017.8	3 692	43.5	44.9	185	685
鲁布革	左泄洪洞	1 124.0	1 050.0	1 727	28.4	32.2	60	300
	左泄洪洞	1 127.7	1 050.0	1 800	29.1	31.5	63	277
	左溢洪道	1 127.5	1 050.0	1 700	31.2	38.0	75	305
葠窝	溢流堰	92.9	63.4	559	19.3	39.9	39	150

根据表 4-1 的结果，对式（4-2）进行最小二乘法拟合，得到 $C = 6.041$、$k_2 = -0.75$、$k_5 = -0.086\ 8$，回归系数为 0.777。因此，有下式成立：

$$L = 6.041 \left(\frac{Q}{V_c} \right)^{\frac{1}{2}} (Q^{\frac{1}{2}} V_c^{-\frac{5}{2}} g)^{-0.75} \theta^{-0.086\ 8} \qquad （4-13）$$

因 $Q^{\frac{1}{2}} V_c^{-\frac{5}{2}} g = \frac{1}{2} \left(\frac{Q}{V_c} \right)^{\frac{1}{2}} \left(\frac{V_c^2}{2g} \right)^{-1}$，式（4-13）可进一步改写为

$$L = 10.162 \left(\frac{V_c^2}{2g} \right)^{0.75} \left(\frac{Q}{V_c} \right)^{0.125} \theta^{-0.086\ 8} \qquad （4-14）$$

式（4-14）的适用范围为 100 m³/s<Q<6 856 m³/s，19.3 m/s<V_c<50.0 m/s，31.5°<θ<71.0°。

应当指出，式（4-14）是根据目前所掌握的有限的原型观测资料得到的，随着原型观测资料的积累，式中各个常数的具体数值可能会有一定的变化。在式（4-14）中，令

$$\xi = \left(\frac{V_c^2}{2g}\right)^{0.75} \left(\frac{Q}{V_c}\right)^{0.125} \theta^{-0.086\,8} \qquad （4-15）$$

则有

$$L = 10.162\xi \qquad （4-16）$$

从式（4-15）的物理意义看，参数ξ是一个具有长度量纲的物理量，它表征的是当水舌入水激溅产生雾化时，水舌的各项水力学指标（如入水流速水头、入水面积及入水角）对泄洪雾化纵向范围的综合影响。从综合水力因子ξ的构造形式可以看出，入水时的流速水头对泄洪雾化的影响最为显著，入水面积次之，而入水角度的影响则相对较小。

拟合结果与原型观测资料的对应关系见图 4-1、图 4-2。从点线关系看，综合水力因子ξ的引入是适当的，基本上能够反映出水力学条件对泄洪雾化纵向范围的影响程度。

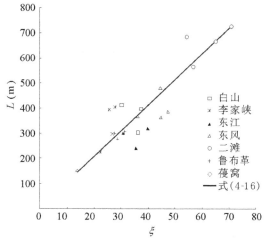

图4-1　拟合关系式（4-16）与原型观测资料的对应关系

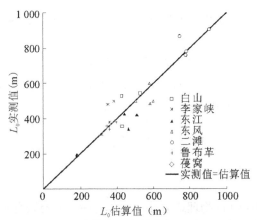

图 4-2　根据式（4-16）计算的 L_0 估算值与原型观测的实测值的对比

4.2.2　水舌碰撞泄洪工况下雾化纵向边界的计算方法

前面主要探讨的是泄洪水舌从出口直接落入下游水位的工况，其主要雾化源为水舌入水引起的激溅作用，雾化范围的大小主要取决于水舌入水时的水流流速、入水角及泄流量的大小。然而，在有水舌碰撞的泄洪工况下，如风滩高低坎联合泄洪、二滩中表孔联合泄洪情况下，引起泄洪雾化的源项除水舌进入下游水面引起的激溅作用外，水舌的碰撞也是另一个重要的雾化源。

从风滩与二滩泄洪雾化的原型观测结果可以看出，在有水舌碰撞的泄洪工况下，其雾化降雨的强度与范围都要增大许多，可见水舌碰撞是不可忽视的雾化源项。由于目前相关的原型观测资料较少，尚不足以弄清楚水舌碰撞条件下泄洪雾化的分布规律。为简单见，假定碰撞工况下泄洪雾化的纵向距离为两个雾化源项对应结果的线形叠加，即有下式成立：

$$L = L_1 + kL_2 = 10.162(\xi_1 + k\xi_2) \tag{4-17}$$

式中：L 为雾化纵向距离；k 为待求常数；L_1、L_2 分别为合并水舌进入下游水面及两股水舌碰撞所引起的泄洪雾化纵向边界距各自源点的距离；ξ_1、ξ_2 分别为两个相应源项的综合影响因子，可由式（4-15）求得。

令 Q_1、V_{c1}、θ_1 分别为总水舌进入下游水垫时总的流量、入水流速、入水角度；Q_2、V_{c2}、θ_2 分别为碰撞点处上层水舌的流量、流速与碰撞角度，则分别有下式成立：

$$\xi_1 = \left(\frac{V_{c1}^2}{2g}\right)^{0.75} \left(\frac{Q_1}{V_{c1}^2}\right)^{0.125} \theta_1^{-0.086\,8} \qquad (4\text{-}18)$$

$$\xi_2 = \left(\frac{V_{c2}^2}{2g}\right)^{0.75} \left(\frac{Q_2}{V_{c2}^2}\right)^{0.125} \theta_2^{-0.086\,8} \qquad (4\text{-}19)$$

根据二滩水电站中表孔联合泄洪工况下的泄洪雾化原型观测结果，由表 4-2 计算出 k 值约等于 1.13，表 4-2 中 L 为自中孔入水点计起的泄洪雾化纵向边界距离，根据雾化边界实测值[7]与中孔水舌挑距计算值求得。

表 4-2　二滩水电站中表孔联合泄洪工况下泄洪雾化纵向边界估算

联合泄洪工况	ξ_1(m)	L_1(m)	ξ_2(m)	L_2(m)	L(m)	k
1、2、6、7 表孔+1、2、5、6 中孔	70.97	729	34.69	356	1 132	1.132
2、3、4、5、6 表孔+3、4、5 中孔	71.89	738	35.69	366	1 154	1.135

因而，对中表孔联合泄洪工况，其泄洪雾化的纵向边界可由下式确定：

$$L_0 = 10.162(\xi_1 + 1.13\xi_2) + L_b \qquad (4\text{-}20)$$

风滩高低坎联合泄洪时的雾化降雨原型观测资料也表明，式（4-20）所表达的物理规律是基本正确的。表 4-3 为风滩水电站泄洪雾化原型观测结果，表 4-4 中 L_5 表示以 5 mm/h 雨强为边界的雾化纵向距离。根据表 4-3 提供的上下游水位、泄流量同样可计算出两个雾化源所产生的雾化纵向边界距离，如表 4-4 所示。

表 4-3　风滩水电站泄洪雾化原型观测结果

闸门开启数	7 低坎	2 低坎	2 高坎+2 低坎	2 高坎+4 低坎
总泄量	2 940	1 451	3 673	5 779
上游水位	199.53	201.61	201.38	203.42
下游水位	119.70	119.29	119.68	119.82
水舌挑距	94.0	105.0	105.0	110.0
水舌挑高	11.0	12.0	12.0	13.0
强暴雨区长度	370.0	350.0	400.0	420.0
强暴雨区宽度	190.0	175.0	220.0	250.0
雾化降雨区长度	550.0	490.0	750.0	780.0
雾化降雨区宽度	400.0	325.0	420.0	420.0

注：表中的雾化降雨区所指范围以 5 mm/h 雨强为边界。

表 4-4　风滩水电站高低坎联合泄洪工况下泄洪雾化纵向边界估算

联合泄洪工况	ξ_1 (m)	L_1 (m)	ξ_2 (m)	L_2 (m)	L_b (m)	$L_1+L_2+L_b$ (m)	L_5 (m)
2 高坎+2 低坎	39.90	410	25.82	265	95	770	750
2 高坎+4 低坎	42.66	438	26.65	274	97	809	780

从计算结果看，尽管缺乏实际的雾化纵向边界距离，但与 5 mm/h 雨强的纵向边界相对比，估算的雾化纵向边界距离应当是比较合理的。

4.3　小湾水电站泄洪雾化经验分析实例

4.3.1　小湾水电站工程简介

小湾水电站是澜沧江中下游河段梯级电站的第二级，地处澜沧江与其支流黑惠江交汇口下游至孔雀沟约 3.85 km 的河段上，枢纽以发电为主，总装机容量 420×10^4 kW。水库总库容为 151 亿 m^3，发电调蓄库容 98.95 亿 m^3，具有不完全多年调节能力。枢纽由双曲拱坝、右岸地下厂房、左岸泄洪洞、坝身泄洪建筑物及放空底孔、坝后水垫塘和二道坝等组成。其中，拱坝坝顶高程 1 245 m，最大坝高 292 m，为世界已建成的第一高双曲拱坝，坝址处于两岸基本对称的 V 形河谷地段，坝址处河床水面宽约 100 m，两岸山坡高出水面 1 000 m 以上。

4.3.2　研究工况

根据设计提供的泄量分配（见表 4-5），最终确定如表 4-6 所示的 8 种泄洪工况为研究对象，各工况下控制泄洪雾化的基本水力学参数也列在表 4-6 中。

由于受二道坝的阻挡作用，水垫塘内的水位要高于下游正常水位，这里采用文献[9]中窄深堰流的水力计算方法估算二道坝上的水面超高 Δ，从而确定水垫塘塘内水位，计算公式如下：

$$Q = \varepsilon m (b' + 0.8\Delta\cot\theta')\sqrt{2g}\,\Delta^{1.5} \qquad (4\text{-}21)$$

式中：Q 为通过坝身的泄量；Δ 为堰上水头；m 为流量系数，对宽顶堰一般为 0.35 ~ 0.37，这里取 $m = 0.36$；ε 为侧收缩系数，对水垫塘的情况，显然 $\varepsilon = 1.0$ ；b' 为二道坝顶宽，$b' = 163.8m$ ；θ' 为侧边与水平方向的夹角，$\cot\theta' = 1.3$ 。

根据式（4-21）可试算出水面超高 Δ ，加上二道坝顶高程 1 004 m 即为水垫塘内水位，计算结果见表 4-6。

表 4-5　小湾水电站各泄洪建筑物在不同洪水工况下的泄流量

泄洪建筑物部位		进水口底板高程（m）	工作闸门		泄流量（m³/s）		
			孔数	宽×高（m×m）	校核洪水位高程 1 241.87 m	设计洪水位高程 1 238.05 m	百年洪水位高程 1 236.87 m
表孔	1#、5#	1 225	2	11×15	3 256	2 144	1 836
	2#、4#	1 225	2	11×15	3 256	2 144	1 836
	3#	1 225	2	11×15	1 628	1 072	918
中孔	1#、6#	1 165	2	6×7	2 774	2 696	2 672
	2#、5#	1 152.5	2	6×7	2 972	2 900	2 876
	3#、4#	1 140	2	6×7	3 100	3 030	3 008
泄洪洞		1 200	1	13×13.5	3 770	3 518	3 436
机组过流量		1 140	—	—	—	1 095	1 095

表 4-6　各研究工况下影响泄洪雾化的主要水力学因素

序号	泄洪工况说明	上游水位（m）	坝身泄流量(m³/s)	水垫塘水位(m)	入水流速(m/s)	入水角度(°)
I	5 表孔全开，3#、4#中孔开启	1 236.87	7 598	1 013.11	57.13	68.92
II	2#、4#表孔开启，2#、3#、4#、5#中孔开启	1 236.87	7 720	1 013.20	56.98	62.64
III	5 表孔全开，2#、3#、4#、5#中孔开启	1 238.05	11 290	1 015.75	56.78	66.21
IV	2#、4#表孔开启，6 中孔开启	1 238.05	10 770	1 015.40	56.62	61.31
V	5 表孔全开，6 中孔全开	1 241.87	16 986	1 019.21	56.49	64.59
VI	泄洪洞单独泄洪	1 236.50	3 410*	1 002.03**	46.2	49.35
VII	5 表孔全开	1 241.87	8 140	1 013.53	57.3	72.83
VIII	6 中孔全开	1 241.87	8 846	1 014.05	58.2	56.11

注：表中*表示泄洪洞泄流量，由设计提供；**表示泄洪洞下游水位。

4.3.3 泄洪雾化纵向边界的定量预测

首先，采用式（4-16）与式（4-20）可以估算出小湾水电站各泄洪工况下泄洪雾化的最大纵向距离，如表 4-7 所示，表中 L_0 代表雾化纵向边界与挑流鼻坎末端的水平距离，表中同时给出了 5 表孔单独泄洪工况及 6 中孔单独泄洪工况下的计算结果，其中下游水位仍按式（4-21）确定。

表 4-7　小湾水电站泄洪雾化纵向边界预报结果

工况	上游水位（m）	下游水位（m）	泄洪流量（m³/s）	L_b（m）	ξ（m）	L（m）	L_0（m）
I	1 236.87	1 013.11	7 598	217	126.10	1 295	1 512
II	1 236.87	1 013.2	7 720	217	121.81	1 251	1 468
III	1 238.05	1 015.75	11 290	217	131.10	1 346	1 563
IV	1 238.05	1 015.4	10 770	217	125.95	1 293	1 510
V	1 241.87	1 019.21	16 986	221	139.56	1 433	1 654
VI	1 236.5	1 002.03	3 410	209	58.33	599	808
VII	1 241.87	1 013.53	8 140	118	83.46	857	975
VIII	1 241.87	1 014.05	8 846	221	89.58	920	1 141

注：L_0 为雾化纵向边界距泄水孔出口断面的距离。

从表 4-7 中计算结果可以看出，小湾水电站坝身泄洪雾化的影响范围是相当广的，其最大纵向影响范围，在百年洪水工况下约在大坝下游 1.5 km；在校核工况下，可远及大坝下游 1.65 km 以上；即使在表孔与中孔单独泄洪工况下也可分别达到 1.0 km 以上。另外，泄洪洞泄洪时，其最大影响范围在纵向上可远及出口鼻坎下游 0.8 km 处。

上述计算成果表明，小湾水电站泄洪雾化影响的范围与雾化降雨强度都相当大，需要引起设计方面的高度重视，进行必要的下游岸坡处理与防护设计。

4.4　小　结

在水电站工程可研性设计阶段，泄洪水力学问题及下游地形地质方面的研究尚不充分，此时采用经验分析方法可以快速预估泄洪雾化的范围与强度，及时调整工程整体布置方案。上述雾化经验公式本身即源自于实际工程的原型观测数据，因此在采用数学模型进行全面预报之前，也应运用该经验公式进行复核，以免出现系统性误差。

参 考 文 献

[1] 南京水利科学研究院，北京水利水电科学研究院.水工模型试验[M].2 版.北京：水利电力出版社，1985.

[2] 夏毓常.关于溢流坝坝面流速系数的计算[J].水利学报，1980(4).

[3] 刘宣烈，张文周.空中水舌运动特性研究[J].水力发电学报，1988(2).

[4] 王治祥.窄缝挑坎消能与体型设计探讨[C]//泄水工程与高速水流论文集，1994.

[5] 章福仪.窄缝挑坎倾角对射流扩散减冲效果试验和挑距计算[J].水利学报，1993(11).

[6] 陈忠儒，陈义东.窄缝挑坎体型研究及挑流水舌纵向拉开水面距离的估算[C]//泄水工程与高速水流论文集.成都：成都科技大学出版社，2000.

[7] 刘之平，陈捷，等.二滩水电站高双曲拱坝泄洪雾化原型观测报告[R].北京：中国水利水电科学研究院，2000.

[8] 柳海涛，孙双科，等.溅水问题的试验研究与随机模拟[J].水动力研究与进展，2009(2).

[9] 吴持恭.水力学（上册）[M].北京：高等教育出版社，1984.

第5章　泄洪雾化人工神经网络预报模型

鉴于泄洪雾化问题的复杂性，无论是物理模拟试验研究，还是理论计算都存在较大的困难与局限。因此，采用多学科多方法并行，同时相互交叉验证的方法，是当前雾化研究的主要途径。就目前的研究现状而言，除通过对雾化机制进行研究，建立泄洪雾化的数值计算模型外，基于对泄洪雾化原型观测资料的综合分析，运用人工神经网络建立雾化预测模型，也是解决实际工程雾化问题的有效方法之一。

5.1　人工神经网络简介

人工神经网络在工程实践中的应用极为广泛。从理论上讲，它是一种关系存储器，通过学习，在它内部的神经元之间建立一种特定的联系，这种联系以多维矩阵的形式存储在介质（如硬盘）中，称之为神经网络模型。在使用网络来解决实际问题时，从输入端输入相应的变量数据，这些数据经过网络中关系矩阵的处理再从输出端输出，即可得到结果。

人工神经网络的学习功能主要与网络的结构、神经元的特点及关系矩阵的计算方式有关。鉴于每种网络都有其适用范围，对于不同的问题，可选不同类型的网络来学习。在水工水力学领域，我们遇到的问题主要与网络的函数逼近性能有关，因此多采用前馈型神经网络，这其中主要包括 BP 网络和 RBF 网络。由于两者在神经元的激发函数形式和局部结构上又有所不同，因此在具体应用时需进行分析和比较，以选择合理的学习网络。

5.1.1 BP 网络的基本结构和训练算法

BP 网络（Back Propagation Network）是一个单向传播的多层前馈型网络，其结构如图 5-1 所示。网络除输入输出节点外，有一层或多层的隐层节点，输入的数据从输入层依次经过各隐层节点，然后传到输出层。

隐层上的每个节点即为一个神经元，它的激发函数（Activation Function）为 S 型函数，它是在（0，1）或（-1，1）之间取值的单调可微函数，一般常采用下面指数类型的函数表示：

$$f_1(x) = 1 / \left[1 + \exp(-\beta x) \right] \tag{5-1}$$

输入层和输出层的节点函数一般均为线性函数 $f_2(x) = x$。

BP 网络的三层节点可以表示为：输入节点 x_j，隐节点 y_i 和输出节点 o_k；输入节点和隐节点之间联结权值为 w_{ij}，隐节点和输出节点之间的联结权值为 v_{ki}；隐节点和输出节点的阈值分别为 R_i 和 r_k。这样，网络各层节点输出的计算公式如下。

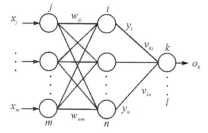

图 5-1　具有一个隐层的 BP 网络简图

隐节点的输出：

$$y_i = f_1(\sum_j w_{ij} x_j - R_i) \qquad j=1 \sim m, i=1 \sim n \tag{5-2}$$

输出节点的输出：

$$o_k = f_2(\sum_i v_{ki} y_i - r_k) \qquad i=1 \sim n, k=1 \sim l \tag{5-3}$$

为简便计，上述矢量分别表示为 x、y、o、w、v、θ_1、θ_2。

理论上讲，输出节点数目 L 可以大于 1，但在实际应用中一般只有一个输出变量，即 $L=1$。另外，式（5-1）中的 β 值同输入变量的范围有关，由于 β 值固定不变，为了消除因数量级不同而导致的各变量之间地位的不均等，必须从外部对样本数据进行规范化处理，即将学习样本中各变量值均除以相应的最大值。当 β 值为 1 时，即将样本全部归为[0，1]或[-1，1]之间的数，我们称之为归一化。

BP 网络的学习方法种类较多。首先是 BP 算法[1]，它是通过对网络联结权值 w、v 和阈值 R、r 的修正，使误差函数 E 沿负梯度方向下降，直至满足精度要求，网络训练中使用的误差函数为 $E = \frac{1}{2}\sum_l \left(T_l - O_l\right)^2$，其中，$T$、$O$ 和下标 l 分别为学习样本的输出值、网络输出值和样本数。因此，BP 算法又称梯度下降法。目前，绝大多数 BP 网络均基于这一类方法。为了加快学习收敛的速度，人们在 BP 方法的基础上还延伸出附加动量法、自适应学习速率法及弹性 BP 算法等。

由于 BP 网络的训练实际上是一个非线性目标函数的优化问题，因此人们又采用基于数值优化的算法对 BP 网络的权值进行训练，该种训练方法同梯度下降法不同，它不仅利用了目标函数（误差函数）的一阶导数信息，还利用了目标函数的二阶导数信息，因此大大加快了学习收敛的速度，该类方法主要有拟牛顿法、共轭梯度法、Levenberg-Marquardt（L–M）法及其衍生出的 Powell 法等[2-4]。此外，还有遗传算法、PSO 粒子群优化法等其他类型的算法。通过 MATLAB 工具箱编程对上述方法进行比较得知，L–M 法的收敛速度最快，但随着网络节点数目的增加，该类方法的收敛速度也会明显下降。

5.1.2　RBF 网络的基本结构与训练方法[4-5]

RBF 网络（Radial Basis Function Network）也是前馈型网络的一种，其结构如图 5-2 所示。这里，我们设输出变量数 L 为 1。在它的隐含层中，神经元的激发函数一般采用高斯分布函数，其定义如下：

$$G(X) = G(x_i,\ t_j) = \exp\left[\beta\sum_{k=1}^{N}(x_{i,k} - t_{j,k})^2 \Big/ c_{j,k}^2\right] \tag{5-4}$$

式中：i、j 和 k 分别为样本数（$i=1,\ \cdots,\ P$）、径向基中心（聚类中心）数（$j=1,\ \cdots,\ M$）和输入变量数（$k=1,\ \cdots,\ N$）；t_j 和 c_j 分别为输入空间的聚类中心和邻阈。在程序设计中，常常令 $\beta = \ln 0.5 \approx -0.693$，上式转化为以 0.5 为底的幂指数，由此可知，当 x_i 和 t_j 的距离等于 c_j 时，$G(X) = 0.5$。为简便

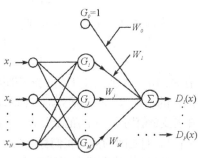

图 5-2　通用 RBF 网络简图

计，上述矢量分别用 x、t 和 c 表示。

对于 **T** 和 **C** 的确定，我们常采用 K-means 聚类方法[5]，聚类的数目 M 需要外部指定，这一点同 BP 网络相似。在图 5-2 中输出单元设置了偏移，其做法是在隐含层增加一个神经元 G_0，令其输出值为 1。只要我们确定了 M 个中心，则网络的输出可以用下式表示：

$$D_i(X) = w_0 + \sum_{j=1}^{M} w_j G(x_i, t_j) = GW \qquad (5-5)$$

对于所有的样本而言，上式为一个 $P \times (M+1)$ 阶方程组，当样本数 $P \geqslant M+1$ 时，列向量 **W** 存在解；当 $P=M$ 时，$w_0 =0$，网络具有唯一解，网络的误差为 0。

由式（5-5）可知，当隐含层神经元的中心 T、数目 M、邻阈 C 确定后，线性输出层的权向量可以用下式确定：

$$W = G^+ D \qquad (5-6)$$

式中：G^+ 为 G 的伪逆，$G^+ = (G^T G)^{-1} G^T$，在求得 **W** 后，可以采用下面的误差函数来进行精度判别

$$\varepsilon(D) = \sum_{i=1}^{P} (d_i - D_i)^2 \qquad (5-7)$$

式中：d_i 和 D_i 分别为第 i 组样本的输出值和对应的网络计算值。

作者采用上述理论，开发了 RBF 网络的通用计算软件，可以任意调整网络的输入、输出变量的数目。随机溅水计算模型中，将其作为一个子模块，用以实时判别水滴所受的风速与飞行终止条件。

5.1.3　神经网络的函数逼近性能

为检验两种网络的学习能力，选用如下的二元半周期函数：

$$F(x,y) = \begin{cases} 10\sin\left[\dfrac{\pi}{30}\sqrt{x^2 + (y-50)^2}\right] & F(x,y) \geqslant 0 \\ 0 & F(x,y) < 0 \end{cases} \qquad (5-8)$$

为便于使用 BP 网络，自变量 x 和 y 的取值范围均为[0，100]，间距为 5.0。其三维分布图见图 5-3。

在 BP 网络的学习中，若采用传统的 BP 算法，学习过程很难收敛，为此采用了 L－M 法，在同等运算条件和收敛条件下，学习时间约为

1 200 s，而采用 RBF 网络，学习时间只需要约 120 s。因此可知，RBF 网络在函数逼近的学习速度上较 BP 网络要快许多，特别是在函数自变量数目较大时，后者的优势更加明显。为检验学习成果，我们在函数变量空间取一组数据，作为 RBF 神经网络的输入值，进行预测，网络输出结果如图 5-3 中的重影部分，计算结果与实际值吻合较好。

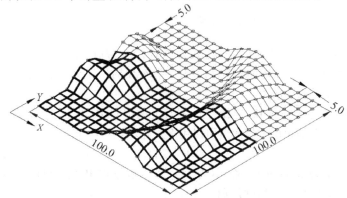

图 5-3　检验函数的三维分布图

为检验两种网络的泛化能力，选用抛物线函数 $y = x^2$，图 5-4 为两种网络的泛化能力比较。

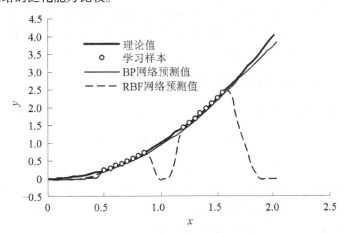

图 5-4　两种网络的泛化能力比较

由图 5-4 可知，通过训练，两种网络在样本学习范围内均能得到正确的解答。不同之处在于，BP 网络在部分输入数据超出学习范围时，仍能得到近似合理的解答，而 RBF 网络求解值的偏差较大。究其原因在于，BP 网络采用了 S 型激发函数，该函数的自变量取值范围为 $[-\infty, +\infty]$，而 RBF 网络采用了高斯函数，其影响范围与阈值大小有关，因此前者是全局逼近函数，后者是局部插值函数。若要提高 RBF 网络的泛化能力，可增大其神经元激发函数的阈值，此时，网络所需的神经元数量与学习时间明显增加，但仍好于 BP 网络。

5.2 泄洪雾化人工神经网络的构建

5.2.1 基础网络的选择

人工神经网络的函数逼近性能主要包括其学习能力和学习后网络的泛化能力，前者是指网络在对复杂系统进行学习时所具有的稳定性和收敛性；后者是指网络对于所学问题的预测模拟能力，特别是当输入数据部分超出学习范围时，网络所表现出的延展性。

通过前面的分析可知，BP 网络和 RBF 网络的局部结构和激发函数均不同，因而其函数逼近性能也不相同。数值试验表明：①当系统变量数目较少、函数变化规律较简单时，宜采用基于 L–M 法的 BP 网络；当系统变量较多且样本误差较大时，宜应采用 RBF 网络，该网络学习过程收敛性较好，浮点运算量较 L–M 型 BP 网络要小 1~2 个数量级。②为确保预测结果的合理性，要求网络具有一定的泛化能力，也就是说，在满足精度要求的条件下，当预测空间局部超出学习空间时，网络预测结果仍能合理有效，相比之下，BP 网络的泛化能力要优于 RBF 网络。

本项研究的主要技术路线是先运用已有的泄洪雾化原型观测数据，建立起神经网络模型，再用于拟建或在建工程泄洪雾化雨量分布的预测。为此，要求模型具有开放性与可移植性。采用 BP 网络建模，第一，其 S 型激发函数要求网络先从外部将所有变量归一化，由于最大雾化强度与范围难以得知，或其本身就是预测对象，因此简单地采用归一化方法是不妥的；第二，高坝泄洪雾化的预测具有多元非线性及观测样本中局部误差相对较大等特点，使用 BP 网络学习几乎无法收敛，同时由于学习样本较多，网络学习所需的时间会很长；第三，采用 RBF 网络建模，首先它在学习时具有较好的收敛性，同时它的激发函数中规定了一个邻阈值 C 以及一个偏移量 G_0，因此不需要从外部对样本进行归一化。更重要的是，在保证 RBF 网络学习的稳定性和收敛性的前提下，还可以自行设计神经元的激发函数，改善其泛化性能。

基于上述几方面的考虑，在泄洪雾化神经网络模型构建中，采用了 RBF 网络和标准化的输入矢量。

5.2.2 泄洪雾化的影响因子分析

已建工程泄洪雾化原型观测数据的分析研究表明[6-7]，影响泄洪雾化的水力学因子主要是泄洪流量 Q、泄洪水舌的入水流速 V 和平均入水角 θ。因此，可定义（Q，V，$\tan \theta$）为神经网络的水力学因子。

需要指出的是，在坝下游河面无限宽的理想条件下，雾化降雨的等值线符合精确的函数分布，其影响因子除水力学因子外，只同平面位置 $[X, Y]$ 有关，此时应用神经网络模拟则比较简单。然而，实际工程中水雾是在下游河谷中弥散的，地形效应不可忽视，如水雾沿两岸的爬升等，同时所求点的高程也是变化的。因此，需增加下游地形的高度坐标 $[Z]$ 作为网络学习的地形因子，该因子不但代表求解点的高程，也隐含了地形对水舌风和水雾扩散的影响。从后面的激发函数的表达形式可以看到，$[Z]$ 和 $[X, Y]$ 的作用机制并不完全相同。

另外，考虑到当地气象条件仅对雾流的远区弥散有一定影响，对降雨强度较大的雨区分布影响有限，因此在本阶段研究中，暂予忽略。

这样，本章泄洪雾化人工神经网络的输入变量定义为 6 个：X，Y，Z，Q，V，$\tan \theta$；输出变量为空间坐标（X，Y，Z）处的雾化雨量值（P）。

在使用神经网络进行学习前，需以泄洪水舌的入水形心点（X_0，Y_0）和下游水位 $[Z_0]$ 为坐标零点，对地形数据进行标准化处理。其中，地形数据的输入范围以包含雾化雨量的分布范围为准，并且当地形高程低于下游水位时，其值取 0。为保证网络的可移植性，在进行泄洪雾化预报时，泄洪工况的水力学输入因子亦采用上述定义。

5.2.3 泄洪雾化神经网络的激发函数

泄洪雾化神经网络在激发函数的选择上，需考虑如下几个方面的因素：第一，通过对雾化降雨的定性分析可知，由于重力作用，空间任一点的雨强在垂线方向和水平方向的变化规律是不同的，前者可以认为是单调递减，采用 S 型分布函数较为合理，而后者是近似对称递减，采用高斯分布函数较为合理；第二，由于样本数据点分布在一个地形曲面上，垂向空间上的数据量较少，因此要求激发函数在垂向上应具有较强的泛化特性，故采用 S 型分布函数较为合理；第三，输入因子中的水力因子与地形因子对雾化雨量的影响方式不同，它们之间类似于整体与局部的关系，水力因子中的流量、入水速度与入水角度等变量，不仅对下游入水激溅有影响，对水舌风场也具有全局性影响，因此相对于地形因子，应当为全局影响因子；第四，对于地形影响，当雾流通道范围内无较大地形阻挡，并假定垂向雾雨分布存在自模性（例如垂线分布均符合指数型分布规律）的前提下，可以通过相对高程来加以考虑，一方面它代表了空间点的位置（距离溅水源的远近），另一方面它也可反映重力对雾化降雨强度的影响。

基于上述考虑，通过比较分析，对于泄洪雾化神经网络的激发函数采用了如下表达式：

$$\left.\begin{aligned}
G(X) &= G(x_i,\ t_j) = K(X)T(X) \\
K(X) &= 1 \left/ \left\{ 1 + \exp\left[\alpha \sum_{k=4}^{6} \left(x_{i,k}^2 - t_{j,k}^2 \right) \middle/ c_{j,k}^2 \right] \right\} \right. \\
T(X) &= 1 - 0.5 \sqrt{ \sum_{k=1}^{3} (x_{i,k} - t_{j,k})^2 \middle/ c_{j,k}^2 + \exp\left[\beta \left(x_{i,3}^2 - t_{j,3}^2 \right) \middle/ c_{j,3}^2 \right] }
\end{aligned}\right\} \qquad (5\text{-}9)$$

式（5-9）中，定义向量 $[X]=[x_{i,k}]=[X,\ Y,\ Z,\ Q,\ V,\ tan\ \theta]$，$k=1 \sim 6$。下标 i、j、k 分别表示样本、径向基中心和输入变量序号；$K(X)$ 项表征水力因子 $[Q,\ V,\ tan\ \theta]$ 对雾化降雨的影响，由于采用 S 型分布函数，因而具有类似 BP 网络的泛化特性；$T(X)$ 项表征地形因子 $[X,\ Y,\ Z]$ 和高程因子 $[Z]$ 对雾化的影响，其中前两项用以学习雨强的空间分布规律，后一项用以学习重力对其垂线分布的影响。

5.2.4　泄洪雾化神经网络的学习方法

在实际运用中，当样本点分布复杂并且数值误差很大时，采用传统 K-means 方法查找聚类中心常常无法区分噪声、边界点和核心对象，同时凭借经验来确定神经元的个数 M 也有一定困难。为此，我们应在满足精度要求的前提下尽量减少神经元的个数。网络模型采用的办法是：先从一个神经元开始训练，每次循环采用使网络产生最大误差的输入矢量作为新的 RBF 神经元。在程序编制过程中，采用通过计算 Gauss 矩阵 G 和学习输出向量 D 之间的"相关误差"的办法，来选择新加入的神经元；然后用剩余的样本检查新网络的误差，最终达到目标误差或最大神经元数为止[4, 8]。为以后方便移植，采用 FORTRAN 语言编程。

5.2.5　泄洪雾化预报模型的工作流程

前面通过对现有 BP 网络和 RBF 网络进行分析比较，选择 RBF 网络构建泄洪雾化预报模型；针对泄洪雾化的特点，对其影响因子进行分析；对现有 RBF 网络的神经元激发函数以及网络的学习方法进行必要的改进。在此基础上，建立起神经网络雾化预报模型。模型的工作原理如图 5-5 所示。

首先，通过对雾化原型观测资料的收集与整理，为预报模型中的学习模块提供学习样本。将学习样本输入该模块以得到神经元之间的关系矩阵，该矩阵反映了雾化各因子之间的复杂因果关系。

然后，将关系矩阵与预测条件输入预报模块，

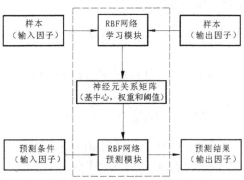

图 5-5　泄洪雾化预报模型的工作流程

即可输出预测结果。在收敛标准相同的条件下，模型预报的准确度取决于学习样本的质量与数量。由此可见，泄洪雾化原型观测资料的收集与整理，是神经网络模型研究的重要基础。

5.3 泄洪雾化预报模型的学习与验证

为进一步检验泄洪雾化神经网络模型的可移植性和适用性,将该模型用于东江水电站泄洪雾化雨量分布的预测。根据东江水电站雾化原型观测资料,具体选择三组泄洪工况,其水力学指标见表5-1。原型观测中,在滑雪道出口下游左右岸分别布置10个测点,具体坐标位置参见表5-2。

表 5-1　东江水电站泄洪雾化二组预测工况的水力学指标

工况	工况说明	上游水位 (m)	下游水位 (m)	流　量 Q (m³/s)	入水流速 V(m/s)	入水角度 $\tan\theta$	水舌挑距 L_0(m)
I	左滑雪道	282.0	147.1	555	33.9	1.01	141
II	右左滑雪道	282.0	149.9	767	36.6	0.89	147
III	右右滑雪道	282.0	150.3	1 043	38.8	0.86	160

表 5-2　东江水电站泄洪雾化雨量计算参数及成果对比

工况	测点序号	纵向位置 X(m)	横向位置 Y(m)	高程 Z(m)	雾化降雨强度 P (mm/h) 原型观测值	计算值	相对误差 (%)
I	R1	3.6	− 38.1	14.5	240.0	198.4	− 20.97
	R2	36.9	− 32.1	15.0	664.0	600.0	− 10.67
	R3	70.2	− 9.5	14.7	840.0	740.0	− 13.51
	R4	97.6	28.6	15.5	246.0	342.7	28.21
	R5	121.4	40.5	14.5	168.0	240.9	30.27
	R6	154.8	71.4	13.7	34.5	80.3	57.04
	R7	195.2	107.1	13.7	32.0	56.0	42.86
	R8	97.6	− 16.2	21.7	444.0	363.4	− 22.18
	R9	114.3	− 17.9	43.9	112.5	155.0	27.42
	R10	130.9	23.8	26.0	129.0	180.0	28.33
II	L2	88.2	0	13.9	193.0	214.0	9.81
	L3	136.3	− 16.7	14.0	89.0	110.0	19.09
	L4	195.4	− 17.9	16.4	46.0	60.0	23.33
	L5	258.5	− 28.6	16.5	33.5	40.0	16.25
	L6	312.0	− 33.3	16.7	50.0	64.1	22.00
	L7	71.6	26.2	13.9	382.0	327.8	− 16.53
	L8	104.9	14.3	13.9	296.5	254.0	− 16.73
	L9	150.1	3.6	15.1	78.2	96.0	18.54
	L10	195.4	0	28.8	41.7	46.0	9.35

续表 5-2

工况	测点序号	纵向位置 X(m)	横向位置 Y(m)	高程 Z(m)	雾化降雨强度 P(mm/h)		相对误差 (%)
					原型观测值	计算值	
Ⅲ	L3	126.2	0	14.1	216.0	265.9	18.75
	L4	188.1	0	16.5	82.0	107.7	23.84
	L5	250.0	− 11.9	16.6	5.8	17.0	65.88
	L6	304.8	− 16.7	16.7	43.9	69.2	36.55
	L7	95.2	31.0	14.0	437.0	355.0	− 23.10
	L9	140.5	17.9	15.2	483.0	405.0	− 19.26
	L10	186.9	16.7	28.9	86.7	132.3	34.48

对工程下游河谷地形进行数字化处理,得到地形的空间坐标[X, Y, Z],同时,根据原型观测得到的降雨强度等值线分布(见表 3-5),通过插值计算可得到对应的降雨强度(P)。然后,将表 5-3 中的水力学因子[Q, V, $\tan θ$]、相应的地形因子(X, Y, Z)和对应的降雨强度(P)作为模型的训练样本,对预报模型进行训练。由于样本数据量很大,且部分测点的误差较大,因此不宜过分提高收敛标准,以免造成过度拟合。训练中,绝对误差总和控制在 100 mm/h,平均每个测点的误差约±0.06 mm/h。由此可知,在雾化降雨强度较大的区域,该误差量值相对较小,而在降雨强度较小的区域则相对较大。

表 5-3　泄洪雾化训练样本的水力学指标

工程名称	泄洪工况	上游水位 (m)	下游水位 (m)	流量 Q (m^3/s)	入水流速 V(m/s)	入水角度 $\tan θ$	水舌挑距 L(m)
二滩	1#泄洪洞	1 199.8	1 017.7	3 688	44.7	0.885	194
	2#泄洪洞	1 199.9	1 017.8	3 692	43.5	0.997	185
李家峡	右中孔	2 145.0	2 049.0	100	24.4	2.663	35
	右中孔	2 145.0	2 049.0	300	30.6	1.796	86
	右中孔	2 145.0	2 049.0	466	32.9	1.722	98
	左底孔	2 145.5	2 049.0	400	31.5	0.733	82

图5-6为李家峡水电站左底孔泄洪工况下神经网络学习结果与原型观测结果的对比图，两者基本吻合，只在降雨强度小于 0.5 mm/h 的外围区域，计算误差相对较大。

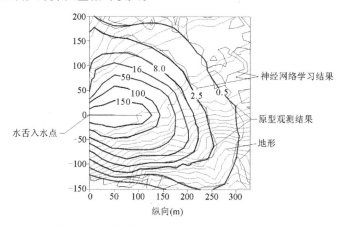

图 5-6　泄洪雾化神经网络的学习误差分布（李家峡水电站左底孔泄洪工况）

运用训练后的雾化神经网络模型，对东江水电站已知测点的雾化降雨强度进行预测计算。图 5-7 ~ 图 5-9 与表 5-2 为三组工况下的神经网络预测值同原型观测数值的对比结果。研究表明：

（1）网络模型预测得到的雾化降雨在变化幅度上要小于实测值，由于采用指数型神经元函数，预测结果中不会出现极大值与绝对零值，从降雨量的分布规律看，两者较为吻合。

（2）原型观测中，自然风场、地形条件、出口体型均对原型观测数据产生影响，即使是在相同的泄洪工况下，雾化降雨的分布形态也有所不同。因此，神经网络模型得到的结果既不等同于仅考虑水舌风情况下的雾雨横向爬升，也非受自然风作用下的纵向扩散，而是一种平均状态。

（3）原型观测中，对于河道中央和本岸的雾化情况缺乏足够的点据，即使有也与通常的情况不完全相符。相对而言，对岸雾雨形态的原型观测数据较为密集，计算结果的可信度相对较高。例如二滩水电站 1# 泄洪洞在泄洪时，底部水舌砸本岸，造成 2# 泄洪洞出口附近产生大量溅水，这应当说是一个例外。鉴于目前较为系统的雾化原型观测成果不多，同时为安全起见，未对相关的数据进行删减。

（4）鉴于雾化预测中泄洪流量变化范围较大，在实际工程的泄洪雾化预测中，宜将二滩坝身泄洪与东江、东风、鲁布革等水电站的观测资料一并列入学习样本，以提高模型的适应性。

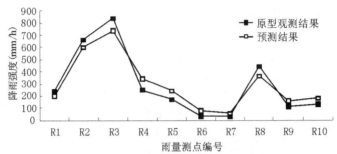

图 5-7　东江水电站泄洪工况Ⅰ下雾化雨量预测结果和原型观测成果对比图

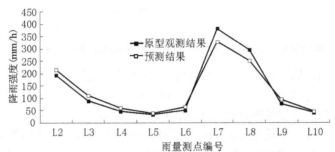

图 5-8　东江水电站泄洪工况Ⅱ下雾化雨量预测结果和原型观测成果对比图

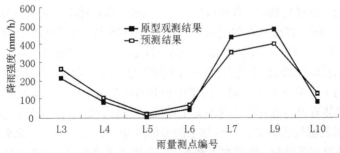

图 5-9　东江水电站泄洪工况Ⅲ下雾化雨量预测结果和原型观测成果对比图

5.4 小 结

泄洪雾化人工神经网络模型的输入变量除考虑水力因子外,还包含地形因子,使计算模型可以预测到空间任一点的降雨强度。同时,针对泄洪雾化的特点,对计算网络神经元的激发函数进行改进,使模型在学习时具有RBF网络的高效性,而在预报时具有类似BP网络的泛化特性。

运用泄洪雾化人工神经网络,对二滩、李家峡等工程的原型观测资料进行学习,初步建立雾化预报模型,并采用东江水电站的泄洪雾化原型观测资料对模型进行验证。

泄洪雾化人工神经网络预报模型计算过程简单快捷,可直接得到下游三维地形曲面上的降雨强度分布,便于从宏观上把握泄洪雾化的规模与分布,不会因参数选择不当而造成系统性误差,因此具有较好的应用前景。

参 考 文 献

[1] 燕庆.神经网络理论及其在控制工程中的应用[M].西安:西北工业大学出版社,1991.

[2] 赵振宇.模糊理论和神经网络的基础与应用[M].北京:清华大学出版社,1996.

[3] 徐春晖.前馈型神经网络新学习算法的研究[J].清华大学学报,1999,39(3).

[4] 丛爽.神经网络、模糊系统及其在运动控制中的应用[M].合肥:中国科学技术大学出版社,2001.

[5] 王永骥,等.神经元网络控制[M].北京:机械工业出版社,1998.

[6] 孙双科,刘之平.泄洪雾化降雨的纵向边界估算[J].水利学报,2003(12).

[7] 孙双科,柳海涛.小湾水电站泄洪消能雾化问题研究[R].北京:中国水利水电科学研究院,2003.

[8] 闻新,周露,等.MATLAB 神经网络应用设计[M].北京:科学出版社,2001.

第6章　泄洪雾化人工神经网络预报模型的工程应用

运用泄洪雾化人工神经网络预报模型，针对小湾、两河口、瀑布沟等实际工程的泄洪雾化问题，进行了预测研究[1-3]，本章将对其计算成果进行简要介绍。

6.1　小湾水电站坝身泄洪雾化预报

小湾水电站位于云南省境内澜沧江中下游，电站总装机容量4 200 MW。电站枢纽由双曲拱坝、右岸地下厂房、左岸泄洪洞、坝身泄洪建筑物及放空底孔、水垫塘等组成，最大坝高292 m。电站泄洪建筑物由坝身的5个表孔、6个中孔和1条泄洪洞组成，设计流量分别为9 020 m³/s、8 750 m³/s、3 800 m³/s。小湾水电站枢纽平面布置图见图6-1。

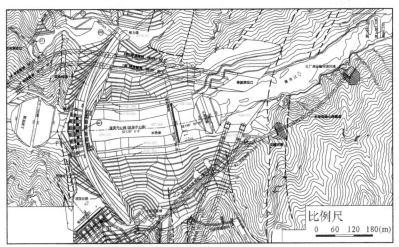

图6-1　小湾水电站枢纽平面布置图

小湾水电站同二滩水电站相似，均具有河谷狭窄、水头高、流量大、泄洪功率大等特点，这对采用相同类型的泄洪雾化神经网络模型是有利的。本章选取两组 100 年一遇洪水工况进行预测，具体的水力学指标见表 6-1。小湾水电站下游数字化地形见图 6-2。

表 6-1　小湾水电站泄洪雾化二组预测工况的水力学指标

工况	工况说明	流量（m³/s）	上游水位（m）	下游水位（m）	水舌挑距（m）	入水流速（m/s）	入水角度 $\tan\theta$
I	5 个表孔+2 个中孔联合泄洪	7 598	1 236.9	1 013.1	168.0	56.1	2.91
II	2 个表孔+4 个中孔联合泄洪	7 720	1 236.9	1 013.2	205.2	56.4	2.15

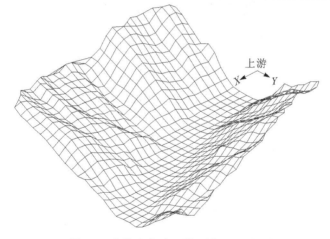

图 6-2　小湾水电站下游三维正交网格地形

图 6-3 和图 6-4 为两组工况下泄洪雾化雨量分布的神经网络模型预测结果。由于该工程尚未有原型观测资料，我们只将神经网络的计算结果同工况相近的二滩水电站雾化观测结果作比较。从二滩雾化原型观测资料看，当中表孔联合泄洪时，泄洪流量 7 757 m³/s，入水流速 50 m/s，与小湾泄洪工况 I 条件相近。原型观测结果表明，在该工况下，雾化雨量分布图中 10 mm/h 等值线的横向宽度约 700 m，10 mm/h 等值线距泄

洪暴雨中心的最远距离约 510 m。从图 6-4 中的神经网络模型预测结果可知，泄洪雨量分布图中 10 mm/h 等值线的横向分布宽度为 690 m，10 mm/h 等值线距暴雨中心的最大纵向距离为 530 m，两者在泄洪规模上基本相当。由此可见，神经网络模型的计算结果是真实可信的。

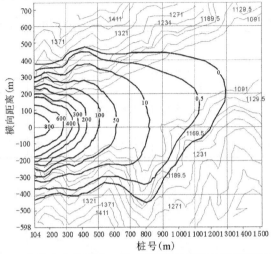

图 6-3　小湾水电站泄洪工况 I 下雾化神经网络模型预测结果

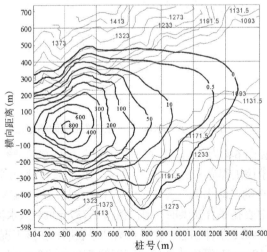

图 6-4　小湾水电站泄洪工况 II 下雾化神经网络模型预测结果

6.2 两河口水电站泄洪雾化预报

6.2.1 两河口水电站工程概况

两河口水电站位于四川省甘孜州雅江县境内的雅砻江干流与支流鲜水河的汇合口下游约 2 km 河段上，下距雅江县城约 25 km，为雅砻江中下游的龙头电站，电站最大坝高 292 m，水库正常蓄水位为 2 865 m，蓄水库容为 101.54 亿 m³。电站装 6 台机组，总装机容量为 3 000 MW。

枢纽主要建筑物由砾石土直心墙堆石坝、引水发电系统、1 条洞式溢洪道、1 条深孔泄洪洞、1 条竖井泄洪洞、1 条深孔放空洞组成。枢纽总泄量约为 8 500 m³/s，最大泄洪水头约 250 m，总泄洪功率约为 21 000 MW。

从两河口水电站枢纽布置、泄水建筑物水力特性以及下游岸坡地质情况来看，该工程的泄洪雾化影响问题主要有以下几个方面：

（1）溢洪道与泄洪洞的运行水头高、泄流量大，特别是溢洪道，最大泄流量 4 055 m³/s，泄洪水头高达 257 m，雾化规模与降雨强度在同类工程中居领先地位，必须对其进行定量评估。

（2）溢洪道长度约 940 m，沿程摩阻相对泄洪洞要小，出坎流速大，同时出口体型采用了窄缝高坎，水舌挑距达 300 m 以上，雾化纵向影响范围巨大，届时泄洪洞出口也将笼罩在雨雾之中。

（3）溢洪道与泄洪洞出口下游两岸岸坡下陡上缓，并且上部有厚度不一的崩坡积块碎石层，在 2 620～2 045 m 高程有沿岸公路，泄洪过程中，雾化影响范围将可能达到 2 680 m 高程以上，为此，两岸的防护范围将有所增大。

（4）右岸为电厂尾水出口，其控制系统距离溢洪道出口较近，因此也需要对其受到的雾化影响进行评估。

（5）由于泄洪洞出口与溢洪道消能区距离较近，因此两者同时开启时，雾化区域相互叠加，雾化规模与强度均有所增加。

因此，对两河口水电站泄洪雾化问题需进行专门的立项研究，从工程安全与环境保护两方面看都具有重要的经济效益与社会效益。

6.2.2 溢洪道单独泄洪雾化降雨计算成果

6.2.2.1 预测计算条件

表6-2中给出了溢洪道4组典型工况下的泄洪雾化水力学计算条件。在4组工况下，泄流量由4 055 m³/s减小到2 134 m³/s，基本涵盖了产生雾化危害的流量范围。出口鼻坎位置、水舌挑距及入射平面方向均参照相关的物理模型试验成果[4-5]，水舌入射角度与速度则根据第7章中的水舌计算模型进行计算。

表 6-2　溢洪道泄洪雾化水力学指标

工况序号	上游水位（m）	下游水位（m）	流量（m³/s）	入水流速（m/s）	入水角度 tan θ	水舌挑距（m）
I	2 870.27	2 613.19	4 055.54	58.56	1.098	350
II	2 866.22	2 611.16	3 106.97	57.02	1.132	336
III	2 865.00	2 610.63	2 134.81	54.37	1.170	316
IV	2 865.00	2 612.21	2 840.62	56.22	1.135	330

根据设计提供的工程资料，可以获得下游河道地形的离散数据。图6-5为两河口水电站溢洪道下游的地形条件以及雾化预报所需的离散点据平面分布。在雾化预报之前，需参照水舌入水位置建立坐标原点，对地形数据进行标准化。不同的泄洪工况对应的入水位置与下游水位均有所不同，因此对于岸坡上的同一测点，在不同的泄洪工况下，相对于水舌入水点的位置不同。同时，若地形测点高程低于下游水位，其相对高度应取0，即为下游水面。图6-6为溢洪道泄洪工况I下，经标准化处理后的数字地形，由图可知，该地形较好地反映了溢洪道下游的河谷形态。

将标准化后的地形数据（X，Y，Z）与水力学因子（Q，V，$\tan \theta$）输入神经网络模型，即可得到上述地形测点对应的降雨强度值（P）。在此基础上，可绘制出雨强等值线图。

6.2.2.2 泄洪雾化降雨强度的计算结果

图6-7～图6-10为4组工况下，溢洪道泄洪雾化降雨强度的分布形态。各组典型工况下，溢洪道下游形成规模较大的雾化雨区，核心区的降雨强度高达600 mm/h以上，雾化降雨呈狭长的三角形分布，雨区最大宽度约400 m，长度约800 m；由于溢洪道纵向挑距达300 m以上，雾化降雨核心区位于泄洪洞出口附近，从现有的泄洪工况来看，后者雾

化降雨强度可达 200 mm/h 以上；由于采用窄缝出口体型，溢洪道水舌入水前缘宽度变化较小，各级流量下雾化降雨分布规模比较接近，雾化雨区被纵向拉开，雨雾沿两岸的爬升高度约 150 m；溢洪道雾化降雨区上游边界距离电厂尾水出口距离在 100 m 以上，泄洪雨雾对其影响较小。

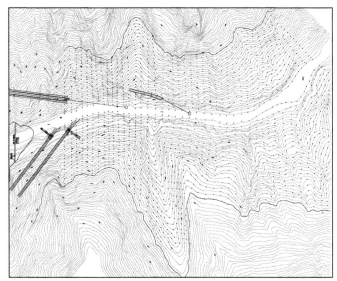

图 6-5　溢洪道雾化计算范围与预测点分布

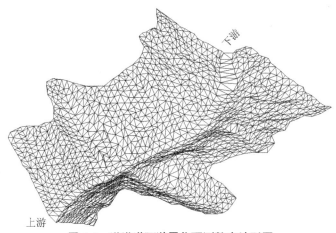

图 6-6　溢洪道下游雾化预测数字地形图

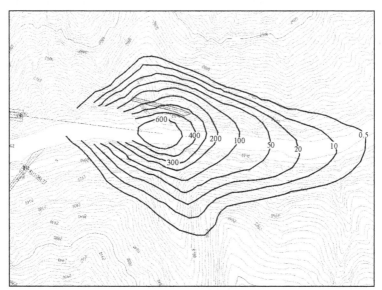

图6-7 溢洪道泄洪工况Ⅰ下下游雾化降雨强度分布 （单位：mm/h）

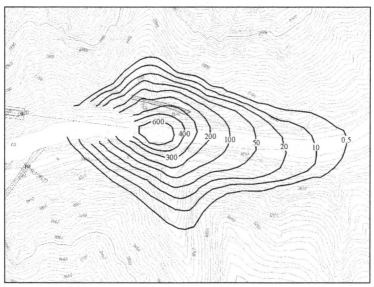

图6-8 溢洪道泄洪工况Ⅱ下下游雾化降雨强度分布 （单位：mm/h）

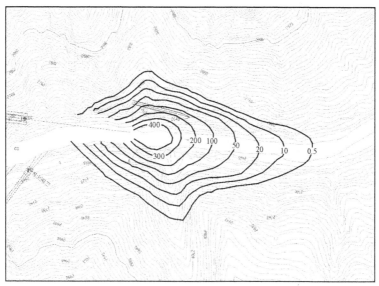

图6-9 溢洪道泄洪工况Ⅲ下下游雾化降雨强度分布 （单位：mm/h）

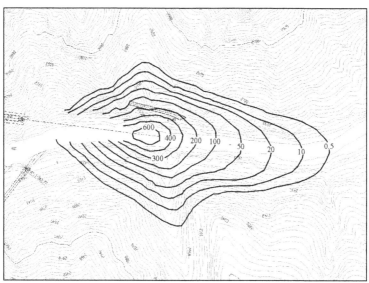

图6-10 溢洪道泄洪工况Ⅳ下下游雾化降雨强度分布 （单位：mm/h）

6.2.3 泄洪洞单独泄洪雾化降雨计算成果

6.2.3.1 预测计算条件

表 6-3 为泄洪洞单泄工况下的水力学指标。前 3 组工况下，泄洪流量约为 2 900 m³/s，第 4 组工况下流量为 2 100 m³/s。具体计算方法同上。

表 6-3 泄洪洞洪雾化工况水力学指标

工况序号	上游水位（m）	下游水位（m）	流量（m³/s）	入水流速（m/s）	入水角度 tan θ	水舌挑距（m）
I	2 870.27	2 609.95	2 944.00	43.37	0.709	182
II	2 866.22	2 609.73	2 834.89	42.85	0.727	179
III	2 865.00	2 609.66	2 801.19	42.69	0.731	177
IV	2 865.00	2 607.93	2 095.38	39.37	0.799	145

6.2.3.2 泄洪雾化降雨强度的计算结果

图 6-11 ~ 图 6-14 为 4 组工况下，泄洪洞下游雾化降雨分布形态。各典型工况下，泄洪洞下游雾化区规模相对溢洪道要小，同时由于前 3 组

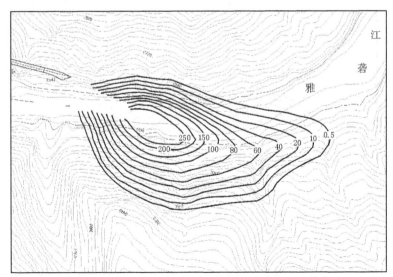

图 6-11 泄洪洞泄洪工况 I 下下游雾化降雨强度分布 （单位：mm/h）

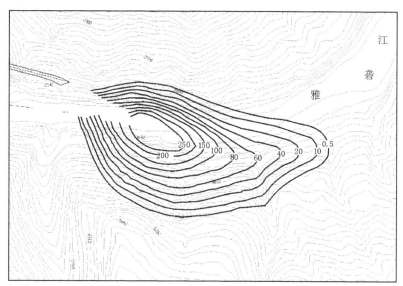

图 6-12　泄洪洞泄洪工况Ⅱ下下游雾化降雨强度分布　（单位：mm/h）

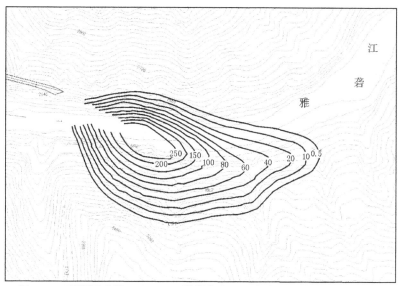

图 6-13　泄洪洞泄洪工况Ⅲ下下游雾化降雨强度分布　（单位：mm/h）

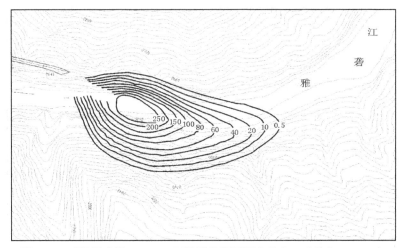

图 6-14　泄洪洞泄洪工况Ⅳ下下游雾化降雨强度分布 （单位：mm/h）

泄洪工况下水力条件接近，雾化规模与分布形态较为接近；自出口鼻坎起算，泄洪洞的雾化影响范围为 600～700 m，横向宽度为 250～320 m。其中，雾雨区偏向右岸，该侧雾雨区宽度为 130～170 m；各组工况下，雾雨区中心距离鼻坎出口 210～260 m，且基本位于河道中央，该处降雨强度可达 250 mm/h 以上，但较溢洪道雾化雨强明显要小；泄洪洞雾化在右岸的爬升高程为 2 730～2 770 m，而在左岸一侧为 2 660～2 670 m。两岸爬升高度分别为 140～160 m 与 40～60 m。因此，位于 2 650 m 高程的沿岸公路部分路段将处于雾化影响区内。

6.2.4　溢洪道与泄洪洞联合泄洪雾化降雨计算成果

6.2.4.1　预测计算条件

表 6-4 为溢洪道与泄洪洞联合泄洪工况下的水力学指标。由于联合泄洪工况下，河道水位上涨，溢洪道与泄洪洞下游水位分别根据当地水位—流量关系插值得到。

6.2.4.2　泄洪雾化降雨强度的计算结果

中国水利水电科学研究院曾对二滩水电站 1#泄洪洞与 2#泄洪洞，在单独泄洪与联合泄洪工况下的雾化降雨分布进行原型观测，其中，1#、2#泄洪洞的水舌入水点相距约 390 m。雾化降雨实地观测表明：1#、2#

泄洪洞射流水舌相互干扰较小，各自形成两个暴雨中心，其位置和雨强同 1#、2#泄洪洞单独泄洪时相似。雾化范围相当于两个泄洪洞单独泄洪时的雾化区叠加，各点测得的降雨强度与叠加值相差不大[6]。两河口电站 1#、2#泄洪洞水舌入水点相距 340～380 m，因此其雾化降雨叠加模式应与二滩水电站的相似。

表 6-4　溢洪道与泄洪洞联合泄洪工况下的水力学指标

工况	说明	枢纽总泄量（m³/s）	上游最高水位（m）	溢洪道流量（m³/s）	泄洪洞流量（m³/s）	溢洪道下游水位（m）	泄洪洞下游水位（m）
I	校核（PMF）	8 215.89	2 870.27	4 055.54	2 944.00	2 620.23	2 617.33
II	设计 0.1%	5 941.86	2 866.22	3 106.97	2 834.89	2 616.60	2 614.41
III	$P=1\%$	5 680.00	2 865.00	2 134.81	2 801.19	2 616.16	2 614.06
IV	$P=1\%$	5 680.00	2 865.00	2 840.62	2 095.38	2 616.16	2 614.06

由于联合泄洪工况下，溢洪道与泄洪洞下游水位上升，水舌入水指标与两岸地形相对水面的高度均有所改变。因此，仍需对两者的雾化降雨分布进行重新计算，然后叠加。

图 6-15～图 6-18 为上述工况下对应的下游雾化降雨分布形态。各组工况下，溢洪道雾化区与泄洪洞雾化区部分产生叠加，形成了两个暴雨中心。其中，溢洪道下游暴雨中心雨强约为 600 mm/h，而泄洪洞下游暴雨中心雨强约为 300 mm/h；自溢洪道出口断面起算，整个雾化雨区长达 1 100～1 300 m，宽度为 400～450 m。其中，右岸雨区宽度为 160～200 m（雨区横向边界与河道水面边界的距离），左岸雨区宽度为 130～180 m；雾化区在右岸的最大爬升高程为 2 760～2 780 m，而在左岸一侧的为 2 740～2 770 m，相对爬升高度分别为 140～160 m 与 120～150 m；从泄洪雾化规模上看，联合泄洪工况下，雾化降雨分布在纵向长度上较单独泄洪工况明显增加，其上游边界位于溢洪道水舌入水点附近，下游位于泄洪洞出口下游 610～710 m，但横向宽度与溢洪道单泄工况基本相当。

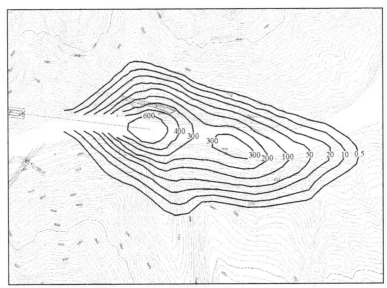

图 6-15　**联合泄洪工况Ⅰ下下游雾化降雨强度分布**　（单位：mm/h）

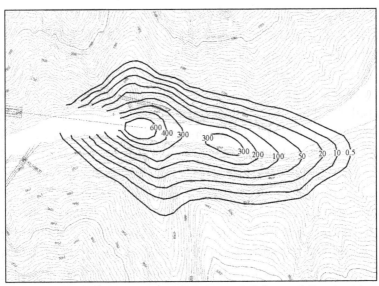

图 6-16　**联合泄洪工况Ⅱ下下游雾化降雨强度分布**　（单位：mm/h）

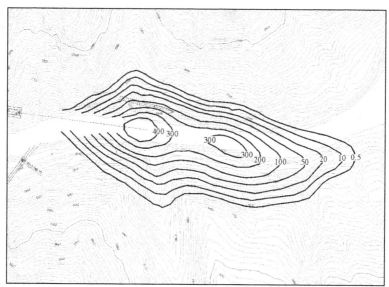

图 6-17　联合泄洪工况Ⅲ下下游雾化降雨强度分布　（单位：mm/h）

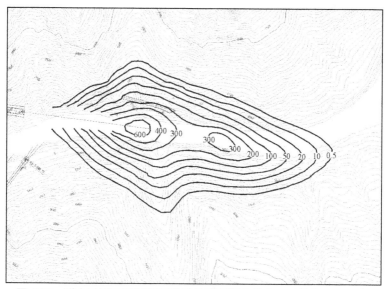

图 6-18　联合泄洪工况Ⅳ下下游雾化降雨强度分布　（单位：mm/h）

6.3 瀑布沟水电站泄洪雾化预报

6.3.1 瀑布沟水电站工程概况

瀑布沟水电站位于大渡河中游、四川省汉源县和甘洛县境内，是以发电为主，兼有防洪、拦沙等综合效益的大型水利水电工程。该电站总装机容量 3 300 MW，最大坝高 186 m，总库容 53.90 亿 m³。

工程枢纽主要由砾石土心墙堆石坝、岸边溢洪道、泄洪隧洞和放空洞、地下厂房及尼日河引水工程等组成，泄水建筑物同样具有"高水头、大泄量、窄河谷"的特点，泄洪水头约 170 m，最大泄流量 10 243 m³/s。左岸溢洪道总长约 745 m，出口段由挑流反弧段和鹰嘴型鼻坎组成，最大泄流量达 6 831 m³/s。深孔无压泄洪洞布置在地下厂房左侧山体内，隧洞总长 2 022.318 m，出口挑流鼻坎采用斜切扩散体型，出口高程 688.36 m，最大泄流量约 3 412 m³/s。工程总体布置见图 6-19。

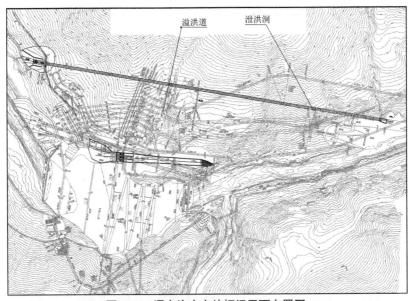

图 6-19　瀑布沟水电站枢纽平面布置图

6.3.2 溢洪道泄洪雾化降雨计算成果

6.3.2.1 预测计算工况

表 6-5 中给出了溢洪道在校核洪水、设计洪水与消能洪水工况下的泄洪雾化水力学计算条件。在三组工况下，泄流量由 6 831 m^3/s 减小到 2 269 m^3/s，基本上涵盖了产生雾化危害的流量范围。

表 6-5 溢洪道泄洪雾化水力学指标

泄洪工况	上游水位（m）	下游水位（m）	流量 Q（m^3/s）	入水流速 V（m/s）	入水角度 $\tan\theta$	水舌挑距 L（m）
校核洪水	853.78	682.45	6 831	48.9	1.70	165.3
设计洪水	848.31	680.53	4 217	46.5	1.87	131.3
消能洪水	843.40	678.31	2 269	43.2	2.20	108.9

在雾化预报之前，需要参照水舌入水位置，建立坐标原点，对地形数据进行标准化。图 6-20 为校核洪水、设计洪水与消能洪水工况下的

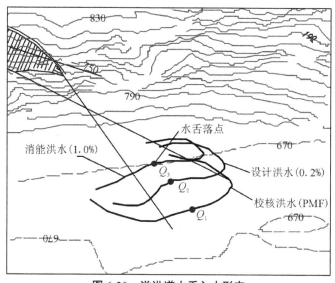

图 6-20 溢洪道水舌入水形态

水舌入水基本形态[7]，根据试验观察到的入水流量分布，并考虑到水流翻卷的情况，分别取水舌前缘约 1/3 位置为雾化溅水坐标原点，具体如图中 O_1、O_2、O_3 点。

在不同泄洪工况下，水舌入水位置与下游水位均不相同，因此标准化后的数字地形也有所不同。图 6-21 为校核洪水工况下，溢洪道下游雾化预测数字地形，该地形较完整地反映了溢洪道下游的河谷形态。

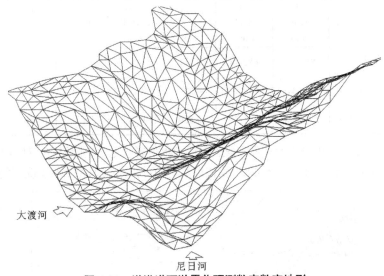

大渡河

尼日河

图 6-21　溢洪道下游雾化预测数字数字地形

将标准化后的地形数据（X, Y, Z）与水力学因子（Q, V, $\tan\theta$）输入神经网络模型，即可得到地形测点对应的降雨强度值（P），在此基础上，再绘制出降雨强度等值线图。

6.3.2.2　雾化降雨强度的计算结果

图 6-22~图 6-24 分别为消能洪水、设计洪水和校核洪水三种泄洪工况下，溢洪道下游降雨强度的分布形态。

计算结果表明，在各种泄洪工况下，对岸山坡均形成较大的雾化降雨区，雨雾沿着主河谷与尼日河谷扩散，雨区上游边缘接近坝脚，下游影响范围超过 500 m，泄洪雾化的规模与强度不容忽视。

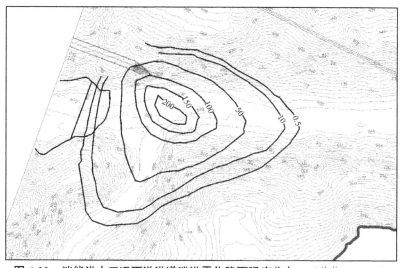

图 6-22　消能洪水工况下溢洪道泄洪雾化降雨强度分布　（单位：mm/h）

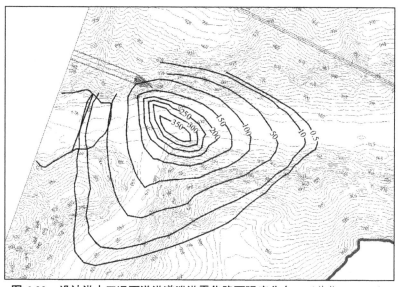

图 6-23　设计洪水工况下溢洪道泄洪雾化降雨强度分布　（单位：mm/h）

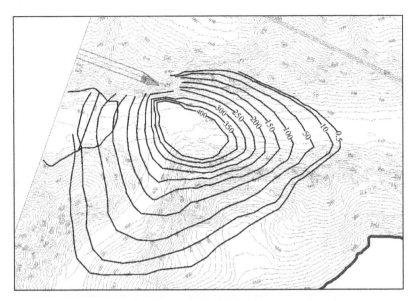

图 6-24　校核洪水工况下溢洪道泄洪雾化降雨强度分布　（单位：mm/h）

6.3.3　泄洪洞泄洪雾化降雨计算成果

6.3.3.1　预测计算工况

表 6-6 为泄洪洞下游雾化计算工况。运用水舌计算模型，并参考有关的水工模型试验成果对其进行复核，分别计算出泄洪水舌入水前缘的挑距、入水流速与入水角度，具体方法参见第 7 章。

表 6-6　泄洪洞泄洪雾化水力学指标

泄洪工况	上游水位（m）	下游水位（m）	流量 Q(m³/s)	入水流速 V(m/s)	入水角度 $\tan\theta$	水舌挑距 L（m）内缘	水舌挑距 L（m）外缘
校核洪水	853.78	680.65	3 412	37.6	0.65	129	151
设计洪水	848.31	677.80	3 254	37.4	0.70	127	148
消能洪水	843.40	676.80	3 029	36.6	0.73	121	141
20 年洪水	846.35	674.60	3 144	37.7	0.75	128	149
常遇洪水	842.90	673.80	3 027	37.3	0.77	125	145

需要指出的是，在溢洪道泄洪雾化计算中，下游消能区的水位是根据总的泄流量，参照坝下 0+900 桩号处的水位—流量关系求得的，而泄洪洞雾化计算中，出口下游消能区的水位，则是参照坝下 0+2150 桩号处的水位—流量关系求得的。

图 6-25 为校核洪水工况下标准化后的数字地形，计算点据的分布完全涵盖了泄洪洞下游雾化降雨范围。将水力学条件与标准化数字地形输入神经网络模型，对该条件下的雾化降雨强度分布进行预测。

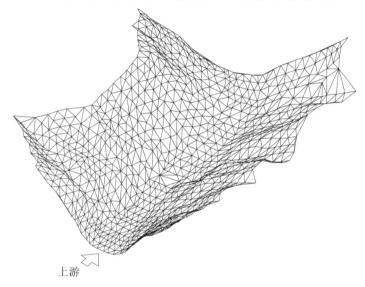

上游

图 6-25　泄洪洞出口下游雾化预测数字地形

6.3.3.2　雾化降雨强度的计算结果

图 6-26～图 6-30 为各工况下泄洪洞下游的雾化雨强分布。在其影响范围内，右岸 720 m 高程有成昆铁路线和尼日河车站，690 m 高程处为沿岸公路及下游交通桥。

计算结果分析表明：由于泄洪洞与大渡河河谷的交角相对较小，泄洪形成的雾流主要沿着河谷纵向扩散，同时对岸的雾化范围明显大于本岸；由于校核洪水、设计洪水以及消能洪水工况下，泄洪洞流量在量级上相差不大，因此雾化形态与范围基本相同。同时，由于其水舌扩散程度相对溢洪道的要小，雾化雨区分布范围也相对较小。

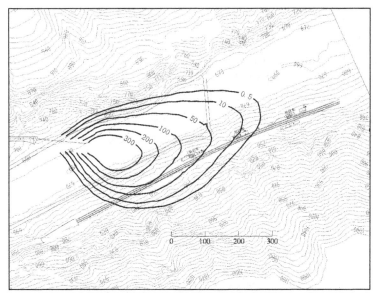

图 6-26　常遇洪水工况下泄洪洞下游雾化降雨强度分布 （单位：mm/h）

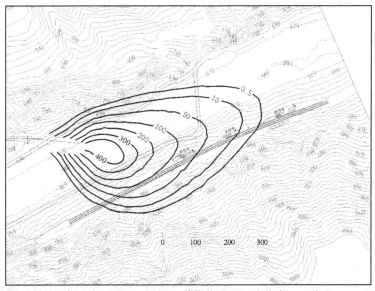

图 6-27　20 年洪水工况下泄洪洞下游雾化降雨强度分布 （单位：mm/h）

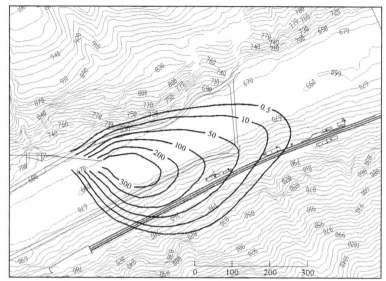

图 6-28　消能洪水工况下泄洪洞下游雾化降雨强度分布　（单位：mm/h）

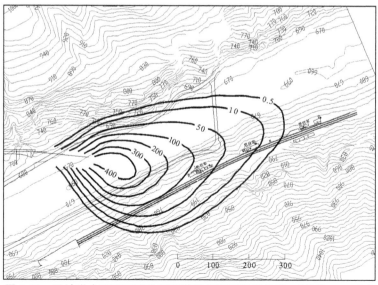

图 6-29　设计洪水工况下泄洪洞下游雾化降雨强度分布　（单位：mm/h）

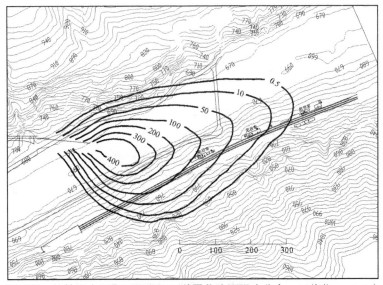

图 6-30 校核洪水工况下泄洪洞下游雾化降雨强度分布 （单位：mm/h）

6.4 小 结

运用泄洪雾化人工神经网络模型，可以方便、快捷地预测实际工程的雾化降雨强度分布。在此基础上，可对下游两岸边坡稳定、工程运行安全、道路交通及生产生活设施进行雾化影响评估。计算研究表明，该雾化网络模型具有一定的泛化能力，当计算工况中部分水力学条件超出学习样本的涵盖范围时，模型依然能够得出较合理的预测结果；神经网络模型的计算精度有赖于原型观测资料的收集与整理，其计算效率与泛化特性则与网络神经元的激发函数有关，通过上述两方面的不断完善与改进，模型的适应性可望进一步提高。

参 考 文 献

[1] 孙双科，柳海涛，等.小湾水电站泄洪雾化研究[R].北京：中国水利水电科学研究院，2004.

[2] 柳海涛，孙双科，等.四川省雅砻江两河口水电站技施设计阶段枢纽泄洪雾化数学模型研究[R].北京：中国水利水电科学研究院，2010.

[3] 柳海涛，孙双科，等.大渡河瀑布沟水电站泄洪雾化预测研究[R].北京：中国水利水电科学研究院，2008.

[4] 许唯临，张建民.四川省雅砻江两河口水电站可行性研究洞式溢洪道单体水力学模型试验研究报告[R].四川：四川大学水力学与山区河流开发保护国家重点实验室，2008.

[5] 陈青生，吕家才.四川省雅砻江两河口水电站可行性研究深孔泄洪洞单体水力学模型试验研究报告[R].南京：河海大学，2008.

[6] 刘之平，刘继广.二滩水电站高双曲拱坝泄洪雾化原型观测报告[R].北京：中国水利水电科学研究院，2000.

[7] 孙双科，柳海涛，等.大渡河瀑布沟水电站岸边溢洪道水工模型试验研究报告[R].北京：中国水利水电科学研究院，2004.

第7章 挑流掺气水舌运动的数学模型

挑流水舌的掺气与扩散主要与水舌表面的紊动特性有关, 水流脱离固壁后, 其自由表面即为紊动边界层, 气泡通过紊动能的传递向水舌内部扩散, 最终达到全断面掺气。因此, 从理论上讲, 掺气水舌运动过程的计算, 应当采用由表及里的方法, 通过水舌内外各层间的水气边界耦合, 由水舌外表面开始计算, 直至水舌内核。然而, 该方法的计算工作量较大, 且水舌内部各层之间的相互作用及气泡扩散等问题尚未得到完全解决, 故无法应用。

在工程实践中, 人们所关心的往往是水舌外部轮廓及含水浓度分布的计算, 以便为溅水雾化及其他数学模型提供入流边界条件, 同时水舌表面掺气水团间的黏滞作用大大降低。因此, 作为简化, 可根据水舌的出口断面形态, 直接选取外边界掺气微元进行计算。对每个微元的速度与含水浓度, 则采用拉格朗日方法进行模拟。

基于上述思想, 通过对水舌表面微元的运动机制进行分析, 运用掺混区内的气泡扩散理论, 建立反映水舌表面掺气运动特性的数学模型。该模型除考虑重力、空气阻力、浮力等因素的影响外, 还需要考虑水舌表层掺气所引起的体积膨胀。

7.1 掺气水舌运动的计算方法

7.1.1 自由面掺混层内气泡的扩散速度

关于水气两相流的掺气机制有多种不同的理论[1-3], 如表面波破碎理论——对水气界面的紊动速度和紊动尺度进行研究, 并将界面失稳时的时均流速作为临界掺气条件; 涡体动力平衡理论——当自由表面部分涡体所受的紊动应力大于表面张力与内外压差时将脱离水体，同时卷入部分空气。本章将以上述理论为出发点，对水舌自由表面的气泡掺混速度进行研究。

对水流掺混层外边界的单个气泡进行受力分析可知，水气界面发生掺气的临界条件可表达为

$$F_e \geqslant F_s + F_p \tag{7-1}$$

式中：F_e 为气泡所受的平均紊动应力，$F_e = 0.5\rho_w(\sqrt{v'^2})^2$；$F_s$ 为表面张力，$F_s = 4\sigma/d$；F_p 为气泡所受的压差，$F_p = \frac{\partial p}{\partial n}d$，由于相对负压的存在，水气界面的压力梯度为负，对于一般的自由面，该项接近于 0，d 为理论意义上的气泡直径，该值实际为表面涡体的平均尺度，σ 为表面张力，为紊动流速。

由此可知，发生掺气所需的最小紊动流速 v_{nc} 为

$$v_{nc} = \sqrt{v'^2} = \sqrt{\frac{8\sigma}{\rho_w d} + \frac{2}{\rho_w}\frac{\partial p}{\partial n}d} \tag{7-2}$$

对于水流实际的平均紊动流速 $\sqrt{v'^2}$，Glazov[4] 与 Falvey[5] 以及罗铭[6]等，通过水槽试验与原型观测，证明在紊流边界层附近，其值近似等于摩阻流速，即有

$$\sqrt{v'^2} \approx V_* = \sqrt{\frac{\tau}{\rho_w}} \tag{7-3}$$

式中：τ 为边壁剪切力；ρ_w 为水的密度。

Falvey 等的研究表明[7]，自由表面掺气时，气泡直径的大小与紊动导致的表面凹陷程度有关。对此，Hino 与 Rao 等通过陡槽掺气试验，得出了紊动尺度的表达式[8-9]：

$$d = \eta\sqrt{\frac{vR}{V_*}} \tag{7-4}$$

式中：η 为系数，可取 25；v 为水的运动黏滞系数；R 为水力半径；V_* 为摩阻流速。

在水舌表面掺混层取一法向微面，则气泡穿过该微面的平均运动速度可表示为

$$v_i = \sqrt{\overline{v'^2}} - v_{nc} \tag{7-5}$$

式中：$\sqrt{\overline{v'^2}}$ 为气泡获得的当地平均紊动速度；v_{nc} 为由于表面张力或压差的阻滞作用，而对气泡产生的一个阻滞速度，其值可由式(7-2)得到。

对于水舌表面掺混层，气泡获得的平均紊动速度 $\sqrt{\overline{v'^2}}$ 仍近似等于水气界面处的摩阻流速，即 $\sqrt{\overline{v'^2}} \approx V_* = \sqrt{\tau/\rho_w}$，其中 τ 为空气阻力 $\tau = 0.5C_f\rho_a u^2$，ρ_w 为水的密度；气泡所受的阻滞流速 v_{nc} 仍可沿用式(7-2)计算。另外，掺混层内压力梯度项近似为 0，因此右端第二项略去不计。这样，水舌表面气泡的扩散速度可以表示为

$$v_i = \sqrt{\overline{v'^2}} - v_{nc} \approx u\sqrt{\frac{0.5C_f\rho_a}{\rho_w}} - \sqrt{\frac{8\sigma}{\rho_w d}} = k_1 u - k_2 u \tag{7-6}$$

式中：k_1 为紊动掺气系数，主要与空气摩阻系数有关；k_2 为表面张力阻滞系数，主要与紊动尺度有关；u 为表面时均流速，该值是射流初速 u_0、掺气浓度 C 和空间位置 (x,y,z) 的函数；C_f 为空气摩阻系数，尽管连续水面与空气间的摩擦系数仅为 0.001~0.002 5，但由于水舌表面的紊动与裂散，该值可达 0.01~0.05，由此可导出紊动掺气系数 k_1 为 0.002~0.005。

表 7-1 为不同水力条件下，水舌出口断面紊动掺气系数与阻滞系数的计算结果。

表 7-1　水舌出口不同水力条件下紊动掺气系数、阻滞系数与卷吸系数的变化

水力半径 R(m)	出口流速 u(m/s)	紊动掺气系数 k_1	紊动尺度 d(m)	阻滞速度 v_{nc}(m/s)	阻滞系数 k_2	卷吸系数 α
1	20	0.002	0.125 6	0.021 7	0.001 1	0.000 9
1	30	0.002	0.102 6	0.024 1	0.000 8	0.001 2
1	50	0.002	0.079 5	0.027 3	0.000 5	0.001 5
5	20	0.002	0.280 9	0.014 5	0.000 7	0.001 3
5	30	0.002	0.229 4	0.016 1	0.000 5	0.001 5
5	50	0.002	0.177 7	0.018 3	0.000 4	0.001 6
10	50	0.002	0.251 2	0.015 4	0.000 3	0.001 7
1	20	0.005	0.079 5	0.027 3	0.001 4	0.003 6

水力 半径 R(m)	出口 流速 u(m/s)	紊动掺气 系数 k_1	紊动尺度 d(m)	阻滞速度 v_{nc}(m/s)	阻滞 系数 k_2	卷吸 系数 α
1	30	0.005	0.064 9	0.030 3	0.001 0	0.004 0
1	50	0.005	0.050 2	0.034 4	0.000 7	0.004 3
5	20	0.005	0.177 7	0.018 3	0.000 9	0.004 1
5	30	0.005	0.145 1	0.020 2	0.000 7	0.004 3
5	50	0.005	0.112 4	0.023 0	0.000 5	0.004 5
10	50	0.005	0.158 9	0.019 3	0.000 4	0.004 6

当水舌出口的水力半径 R 为 1 m，出口速度为 30 m/s，紊动掺气系数 k_1 取 0.002~0.005 时，由式(7-4)求得空中水舌表面紊动尺度 d 为 0.06~0.10 m。由此得到阻滞速度为 0.024~0.030 m/s，相应的阻滞系数 k_2 为 0.000 8~0.001。因此，紊动尺度的大小同出口流速、空气阻力成反比，与水力半径成正比；阻滞系数大小同出口流速、水力半径均成反比，与空气阻力成正比。

将式(7-6)中两系数合并，进一步改写为

$$v_i = (k_1 - k_2)u = \alpha u \tag{7-7}$$

式中：α 为卷吸系数，根据表 7-1 可知，其取值范围一般为 0.001~0.005，卷吸系数与出口流速、水力半径、空气阻力系数均成正比。

式(7-7)的表达形式与文献[10]中的假定一致，可用于反映水舌表面掺气速度的沿程变化。

7.1.2 掺气水舌运动的微分方程

通过理论分析，可以建立恒定水舌表层微元的厚度、外湿周、含水浓度以及运动速度等，沿流线方向变化的微分方程，该方程组可描述水舌表面局部掺气到充分掺气、裂散的全过程。

7.1.2.1 水量守恒方程

在水舌表面，沿流线方向任取一微元 e，则进出微元的水量满足下面的守恒方程：

$$\frac{d}{ds}(\rho_w u \beta A) = 0 \qquad (7\text{-}8)$$

式中：s 为沿流线方向的自然坐标；ρ_w 为水的密度；u 为微元的时均流速；β 为断面体积含水浓度；A 为微元的横断面面积，$A = \chi h$，其中 χ 为微元外湿周，h 为厚度。

由于 ρ_w 为常数，故有

$$\frac{d}{ds}(u \beta A) = 0 \qquad (7\text{-}9)$$

由上式可知，沿流线方向，任一断面上均有 $u\beta A \equiv u_0 \beta_0 A_0$，其中，$\beta_0$、$u_0$、$A_0$ 分别为微元初始位置的值。

7.1.2.2 水气连续方程

水舌表面掺混层中，单位时间、单位面积上从外表面进入微元 e 的气泡质量为 $m_1 = \rho_a C_1 v_1$，ρ_a 为空气密度，C_1 为微元外边界上的含气浓度，可以认为 $C_1 \approx 1$，v_1 为外边界处气泡的扩散速度，可由式(7-7)表示；自内边界上流出的气体质量为 $m_2 = \rho_a C_2 v_2$，C_2 与 v_2 分别为微元内边界处的含气浓度和运动速度，$C_2 < C_1$。

假定微元上下表面的气泡扩散速度基本相等，即有 $v_1 \approx v_2 \approx v_c$，$v_c$ 称为微元的平均卷吸速度，则单位时间、单位面积上，微元内的气体增量为

$$m = m_1 - m_2 = \rho_a v_c (1 - C_2) \approx \alpha \rho_a u \beta \qquad (7\text{-}10)$$

式中：α 为微元的平均卷吸系数；β 为微元的体积含水浓度。

根据质量守恒定理，单位时间内，沿流线方向进出微元的水气总质量的变化量等于自侧向边界进出微元的气体增量，因此有 $d(\rho u A) = m \chi ds$，χ 为微元外湿周。将式(7-10)代入，得到：

$$d(\rho u A) = \alpha \beta \rho_a \chi u ds \qquad (7\text{-}11)$$

其中，$\rho = \beta \rho_w + (1 - \beta)\rho_a$，将式(7-11)展开，并利用式(7-9)，最后化简得到：

$$\frac{d\beta}{ds} = \frac{-\alpha \beta^3 u \chi}{\beta_0 u_0 A_0} \qquad (7\text{-}12)$$

式（7-12）即为表面微元含水浓度变化的微分方程。

7.1.2.3 x 方向动量方程

设 x 为运动水舌自然坐标 s 在水平面上的投影，则该方向上的速度

可表示为 $u_x = u\cos\theta$ ，其中 θ 为微元运动方向与平面的夹角。水舌表层微元所受的空气阻力在 x 方向上的分量可表示为 $F_x = -\dfrac{1}{2}C_f \rho_a u u_x$ ，重力分量为 0。由此可建立 x 方向的动量方程：

$$\int_s \frac{\mathrm{d}}{\mathrm{d}t}(\rho u_x A)\mathrm{d}s = \int_s \chi F_x \mathrm{d}s \tag{7-13}$$

式中： ρ 为微元密度， $\rho = \beta\rho_w + (1-\beta)\rho_a$ ； A 为微元横断面面积； χ 为微元外湿周； s 为微元长度； F_x 为表面力在 x 方向上的分量，即空气阻力分量。

对于恒定水舌的表面微元，在自然坐标系下，全导数项 $\dfrac{\mathrm{d}}{\mathrm{d}t}(\rho u_x A) \approx u\dfrac{\mathrm{d}}{\mathrm{d}s}(\rho u_x A)$ 。其中， u 为沿流线方向的速度，法线方向的流速近似为 0。所以，式(7-13)可表示为

$$u\frac{\mathrm{d}(\rho u_x A)}{\mathrm{d}s} = -\frac{1}{2}C_f \rho_a \chi u u_x \tag{7-14}$$

将上式展开，并利用式(7-9)和式(7-11)，最后化简得到：

$$\frac{\mathrm{d}u_x}{\mathrm{d}s} = -\frac{(2\alpha\beta + C_f)\rho_a \chi u_x}{2\rho A} \tag{7-15}$$

7.1.2.4 y 方向动量方程

设 y 为运动水舌自然坐标 s 的垂向投影，并且以向上为正，则该方向上流速为 $u_y = u\sin\theta$ ；水舌微元所受空气阻力的垂向分量为 $F_y = -\dfrac{1}{2}C_f \rho_a u u_y$ ；重力和浮力分力为 $(\rho_a - \rho)gA$ 。同样可建立 y 方向的动量方程：

$$u\frac{\mathrm{d}(\rho u_y A)}{\mathrm{d}s} = (\rho_a - \rho)gA - \frac{1}{2}C_f \rho_a \chi u u_y \tag{7-16}$$

将上式展开，并代入式(7-9)和式(7-11)，最后化简得到：

$$\frac{\mathrm{d}u_y}{\mathrm{d}s} = \frac{2(\rho_a - \rho)gA - (2\alpha\beta + C_f)\rho_a u \chi u_y}{2\rho u A} \tag{7-17}$$

对于任一微元，恒有 $u = \sqrt{u_x^2 + u_y^2}$ 成立。

7.1.2.5 三维空间坐标变化的求解方法

上述方程中，未知变量均为自然坐标 s 的函数，同时以水舌纵向为 x 正向、垂线向上为 y 正向，定义两个速度分量。上述坐标与笛卡儿坐

标系的关系如图 7-1 所示。φ 为水舌出射的平面偏转角，计算中假定水舌运动中平面偏转角 φ 保持不变。θ 为水舌挑角，逆时针为正。因此，对于任意位置 (X_0, Y_0, Z_0) 处的微元，已知其 u_x、u_y、ds、θ 和 φ，则其在下一步长的空间位置 (X, Y, Z) 可以采用下面方法求得：

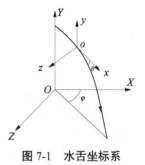

$$\begin{cases} X = X_0 + \mathrm{d}X \\ Y = Y_0 + \mathrm{d}Y \\ Z = Z_0 + \mathrm{d}Z \end{cases}, \quad \begin{cases} \theta = \arctan(u_y / u_x) \\ \mathrm{d}X = \cos\theta\cos\varphi\mathrm{d}s \\ \mathrm{d}Y = \sin\theta\mathrm{d}s \\ \mathrm{d}Z = \cos\theta\sin\varphi\mathrm{d}s \end{cases} \quad (7\text{-}18)$$

图 7-1　水舌坐标系

7.1.3　水舌断面的沿程掺气与扩散

图 7-2 为水舌表层掺气扩散示意图，由于水舌沿程掺气，水舌表面掺混层产生膨胀，因此对于边界微元 e，除自身膨胀外，由于气泡穿过其下边界向水舌内部运动，使其在 $\mathrm{d}s$ 距离后产生一个膨胀偏移量 $\mathrm{d}h$。

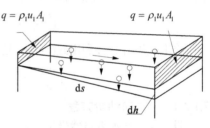

图 7-2　水舌表层掺气扩散示意图

从前面的分析可知，单位时间内通过微元进入水舌内部的气泡体积为 $\mathrm{d}V \approx \alpha u(1-\beta)\chi_0\mathrm{d}s$，$\chi_0$ 为微元进口湿周，u 为微元平均流速。

由于微元的外法向偏移量 $\mathrm{d}h$ 满足 $\mathrm{d}V = u_1\chi_1\mathrm{d}h$，其中 χ_1 为微元出口湿周，u_1 为出口处的流速。因此，有下式成立：

$$\mathrm{d}h = \frac{\alpha k_{\mathrm{m}}(1-\beta)u\mathrm{d}s}{u_1} \quad (7\text{-}19)$$

式中：k_{m} 为湿周扩展系数，$k_{\mathrm{m}} = \chi_0 / \chi_1$；微元平均流速 u 为 $u = (u_0 + u_1) / 2$，u_0 与 u_1 为微元前后的断面平均流速。

对于位移量的方向，可根据该微元的流速矢及相邻微元的位置矢来确定，如图 7-3 所示。假设 a、b、c 为水舌表面相邻的三个微元，则过微元 b 的水舌表面切向矢 $\vec{r}_b$ 可表示为 $\vec{r}_b \approx \vec{r}_c - \vec{r}_a$，其中 $\vec{r}_a$、$\vec{r}_c$ 为微元 a、

c 的位置矢。设微元 b 的速度矢为 $\vec{u}_b$，则其外法向单位矢为 $\vec{n}_b = \vec{r}_b \times \vec{u}_b / |\vec{r}_b \times \vec{u}_b|$，上述矢量运算满足右手定则。

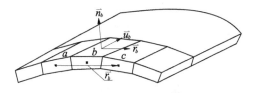

图 7-3　微元外法向示意图

由此可知，微元 b 的掺气扩散空间偏移矢 $\mathrm{d}\vec{h}_b$ 可表示为

$$\mathrm{d}\vec{h}_b = \mathrm{d}h_b \vec{n}_b \tag{7-20}$$

式中：$\mathrm{d}h_b$ 为微元 b 的位移长度，可通过式(7-19)计算得到，由此可以计算出微元下游断面的新位置。

7.1.4　数学模型的计算步骤

综上所述，求解水舌表面每个微元的位置、速度及含水浓度的沿程变化的具体步骤如下：

（1）根据出口体型，确定微元的初始变量值 u_0、β_0、θ_0、h_0、χ_0、φ_0、X_0、Y_0、Z_0，设定自然步长 $\mathrm{d}s$ 与计算终止条件(下游水位对应的 Y 值) Y_d。

（2）运用式(7-15)、式(7-17)，采用四阶 Runge-Kutta 法[11]求解出 u_x、u_y 及 $u = \sqrt{u_x^2 + u_y^2}$。

（3）利用 u 和上一步长的 χ，运用式(7-12) 求出新的 β 值(Runge-Kutta 法)。

（4）将 β、u、A_0、u_0 与 β_0 值代入式(7-9)，求出 A、χ 值(假定 $\chi = \chi_0 \sqrt{A/A_0}$)。

（5）由 $\tan\theta = \dfrac{u_y}{u_x}$，求出 θ，并由式(7-18)求出 $\mathrm{d}s$ 步长后的断面中心位置(X, Y, Z)。

（6）运用式(7-19)、式(7-20)，求出水舌表面各点的掺气扩散位移矢，并对微元的位置进行修正，同时得到新的 φ 值与 θ 值。

（7）判别，若 $|Y-Y_d|<\varepsilon$，则停止计算；否则，返回步骤(2)，继续计算。

上述步骤中，每个微元的初始速度 u_0 与含水浓度 β_0 应根据模型试验或实测资料确定，也可采用数值模型计算成果。当含水浓度未知时，可取 $\beta_0=1.0$。

7.2 挑流水舌计算实例

7.2.1 工程概况与计算条件

中南勘测设计研究院于 1992 年曾对东江水电站挑流泄洪水舌的空中形态进行定量观测，得到了水舌上下轮廓点的精确坐标[12]。该工程的泄水建筑物包括 3 孔滑雪道，其中左岸滑雪道出口采用扭曲等宽鼻坎，右岸左右两条滑雪道均采用窄缝消能工。下面针对右岸右侧滑雪道，运用上述模型对闸门开度 100%工况下，挑流水舌的空中形态进行计算。

根据原型观测提供的资料，该工况下上游水位 281.99 m，挑坎出口高程 194.00 m，下游水位 149.36 m；窄缝出口宽度为 2.5 m，坎上水深 19.74 m，因此水力半径为 1.175 m；水舌上下缘的出口挑角为-11.9° ~ 41.4°；挑坎出口断面水流掺气浓度为 2%~3%，因此计算单元含水浓度取 0.95~0.98；由于缺乏实测资料，出口水舌的平面扩散角取 0°，流速系数取 0.95 ~ 0.98；每个微元的初始速度则根据上游库水位与微元位置的高差求得，断面平均流速约为 34 m/s。水舌表面计算微元沿断面的外周选取，每个微元的外湿周均取 0.5 m。

表 7-2 为空气阻力系数取 0.02 与 0.05 时，对应的卷吸系数与紊动尺度。

表 7-2 不同阻力系数对应的卷吸系数与紊动尺度

空气阻力系数 C_f	出口流速 u(m/s)	出口水力半径 R(m)	紊动掺气系数 k_1	紊动尺度 d (m)	阻滞速度 v_{nc} (m/s)	阻滞系数 k_2	卷吸系数 α
0.02	34	1.175	0.002	0.104 4	0.023 8	0.000 7	0.001 3
0.05	34	1.175	0.005	0.066 1	0.030 0	0.000 9	0.004 1

表面微元的厚度应当在紊动尺度 d 与水力半径 R 之间取值，由表 7-2 可知，微元厚度应为 0.06~1.17 m。卷吸系数则为 0.001~0.004。本书计算中，取空气阻力系数为 0.02，卷吸系数为 0.002，微元厚度则分为 0.06 m、0.08 m、0.12 m、0.20 m、0.36 m、0.56 m、0.74 m 共 7 种情况。

7.2.2　水舌空中运动计算结果

图 7-4 为数学模型得到的水舌外部轮廓的空中形态，从定性的角度看，计算结果较为合理。图 7-5 为水舌外部轮廓数学模型计算结果与原型观测结果的对比图，两者对于水舌外部轮廓的研究结果基本吻合。

图 7-6 与图 7-7 为水舌上、下缘中心线上的含水浓度的沿程变化。水舌上缘在到达最高点之前，由于速度减小，含水浓度下降速度趋缓，在过了最高点之后，随着流速增大与水舌扩散，含水浓度下降速率增大；而水舌下缘含水浓度基本呈指数规律衰减。

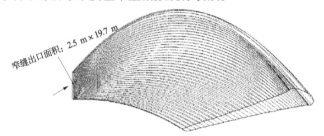

图 7-4　水舌外部轮廓的空间形态

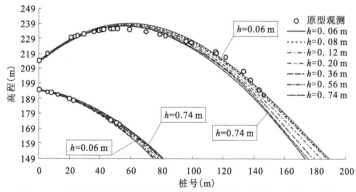

图 7-5　水舌外部轮廓的数学模型计算结果与原型观测结果对比

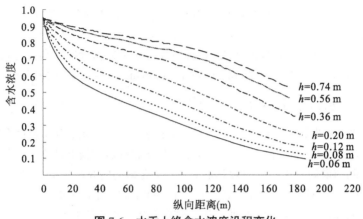

图 7-6　水舌上缘含水浓度沿程变化

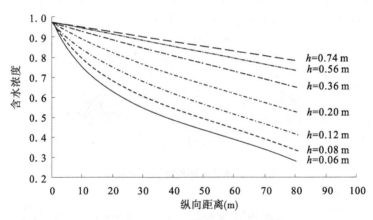

图 7-7　水舌下缘含水浓度沿程变化

计算结果分析表明：

（1）当微元厚度约 0.20 m 时，入水时的含水浓度约为 30%[13]，与实际情况较为一致。由此可知，微元厚度的合理取值在量级上接近于紊动计算尺度的 2~3 倍。

（2）微元厚度在 0.06~0.20 m 范围内取值，计算得到的水舌外轮廓相对稳定，变化幅度小于 10 m。

另外，计算中还对表面微元的外湿周计算结果的影响进行敏感性分析，结果表明，微元外湿周的变化对计算结果无实质性的影响。

7.3 小 结

通过理论分析与推导，导出挑流掺气水舌的外轮廓、速度及含水浓度的微分方程组，同时提出了水舌断面沿程掺气扩散的计算方法，由此建立数值计算模型。运用该模型对东江水电站挑流水舌的外部轮廓进行数值计算，计算结果同原型观测数据基本吻合，表明该模型对于复杂挑流水舌的计算具有较好的适应能力。模型计算得到水舌表面流速及含水浓度的分布结果，可为溅水雾化、水舌风场、雾雨扩散及神经网络雾化预报等计算模型提供边界条件。

参 考 文 献

[1] 时启燧. 掺气坎模型挟气能力的临界条件[J].水力学与水利信息学进展，2005.

[2] Wood I R，et al. General Method for Critical Point on Spillway[J]. ASCE，1983，109(2).

[3] 杨永森，陈长植，于琪洋. 掺气槽上射流挟气量的数学模型[J]. 水利学报，1996(3).

[4] Glazov A T，Calculation of the Air-Capturing Ability of a Flow behind an Aerator Ledge[J]. Gidrotekhnicheskoe Stroitel，stvo，1984(11)，11.

[5] Falvey H T，Ervine D A. Aeration in jets and high velocity flows. Int. Symp. On Model-prototype correlation of Hydr. Structures[M]. P. H.，Burgi，ed.，ASCE 1988.

[6] 罗铭. 掺气减蚀挑跌坎与水流紊动特性[J].水利学报，1995(7).

[7] Henry T Falvey，D Alan Ervine. Aeration in jets and high velocity flows，Model-Prototype Correlation of Hydraulic Structures，Proceedings of the international symposium[J]. Colorado Springs，Colorado，1988(8)：9-11.

[8] Hino M. On the Mechanism of Self-Aerated Flow on Steep Slope Channels，Application of the Statistical Theory of Turbulence[M]. 9th IAHR，1961.

[9] Rao N S L, Kobus H E. Characteristics of Self-Aerated Free-Surface Flows[J]. Water and Waste Water, Current Research and Practice, Vol.10, Erich Schmidt Verlag, 1973.

[10] 刘士和. 高速水流[M].北京：科学出版社，2005.

[11] 何光渝，高永利. Visual Fortran 数值计算方法集[M].北京：科学出版社，2002.

[12] 孙时元，等. 东江水电站滑雪式溢洪道水力学原型观测报告[R].长沙：南勘测设计研究院, 1993.

[13] 王晓松，陈璧宏. 挑流冲坑三维紊流场的数值模拟[J].水力发电学报，1999(3).

第8章 溅水区的随机喷溅
数学模型

　　雾化的强度与规模主要取决于雾源量的大小，其中水舌入水激溅占据主导地位，由此产生的溅水雾化构成了雾化降雨的主体。与一般工农业生产中的喷射雾化不同，泄洪雾化的溅水规模巨大，且水相喷射特性变化复杂，基于欧拉方法的喷射计算模型[1-3]无法胜任。目前，国内对此主要采用水滴随机喷溅模型[4-10]求解，该模型将水滴喷溅作为随机喷射条件，采用拉格朗日方法，对于每个水滴在空气中的运动进行计算，然后通过统计方法求得溅水区内下垫面上的降雨强度分布。在水舌入水激溅过程中，其内部水体并不参与喷溅，加之水舌前部的阻挡，使得溅水主要集中于入水前缘，因此在溅水计算模型中对于水舌前缘形态应当有所考虑。另外，水舌喷溅过程、地形及风场等因素对于溅水分布也有明显影响。

8.1　随机溅水模型的基本理论

8.1.1　溅水模型的基本原理

　　随机溅水模型的基本思想是，将水滴喷溅作为一种随机现象，并以此作为初始条件，求解每个水滴的运动微分方程。对随机抽样得出的计算结果进行统计分析，从而得出空间水量的分布规律。其主要步骤如下：

　　（1）假定水滴的出射角 θ、偏转角 φ、出射速度 u、水滴直径 d 等符合某种概率分布，可生成一组随机样本 $(\theta, \varphi, u, d, \cdots)_n$。其中，$n$ 为样本数，设单位时间内的水滴出射量为 N，则样本数 $n = N/k_p$，k_p 为比例系数。

　　（2）设喷射历时为 T，则 T 时间内有 nT 个水滴出射，若将时段 T

分为 m 个时间步长 $dt=T/m$，则每个时间步长内出射的水滴数为 $n_i = nT/m$。运用水滴运动微分方程，连续计算 m 组 n_i 个水滴的飞行轨迹，直至时段末结束。

（3）将溅水空间进行离散，根据每个水滴的位置、速度、直径等特征量，统计 T 时刻末每个控制体内通过与滞留的水滴数量与体积，从而计算出整个空间的含水浓度与通量的分布。

（4）重复上述计算 M 次，得到每个控制体内含水浓度与通量分布的数学期望值，然后乘以比例系数 k_p，即可得到溅水空间内实际含水浓度和雾雨通量的分布。

8.1.2 水滴运动的微分方程

水滴在运动过程中，受到重力、浮力和空气阻力的共同作用。由于在溅水区存在水舌风场与自然风场，水滴所受的空气阻力(或拖曳力)同其与风场间的相对速度有关，由此可以建立水滴运动的力学微分方程：

$$\left.\begin{aligned}
\frac{dx}{dt} &= u \\
\frac{dy}{dt} &= v \\
\frac{dz}{dt} &= w \\
\frac{du}{dt} &= -C_f \frac{3\rho_a}{4d\rho_w}(u-u_f)\sqrt{(u-u_f)^2+(v-v_f)^2+(w-w_f)^2} \\
\frac{dv}{dt} &= -C_f \frac{3\rho_a}{4d\rho_w}(v-v_f)\sqrt{(u-u_f)^2+(v-v_f)^2+(w-w_f)^2} \\
\frac{dw}{dt} &= -C_f \frac{3\rho_a}{4d\rho_w}(w-w_f)\sqrt{(u-u_f)^2+(v-v_f)^2+(w-w_f)^2}+\frac{\rho_a-\rho_w}{\rho_w}g
\end{aligned}\right\} \quad (8-1)$$

上式中：u、v、w 分别为 x、y、z 方向水滴的运动速度，m/s；u_f、v_f、w_f 分别为水滴附近 x、y、z 方向的风速，m/s；C_f 为阻力系数；d 为水滴粒径，m；ρ_a 为空气密度，kg/m³。ρ_w 为水的密度，kg/m³。上述方程组可采用四阶 Runge-Kutta 法[11]进行数值求解。

8.1.3 水滴随机出射假定

（1）水滴直径 d 的概率密度满足 Γ 函数分布[4, 9-10]：

$$f(d) = \frac{1}{\lambda_1^\alpha \Gamma(\alpha)} d^{\alpha-1} \exp(-\frac{d}{\lambda_1}) \tag{8-2}$$

式中：α 为常数；$\lambda_1 = k_1 \overline{d}$，$\overline{d}$ 为溅水水滴直径的众值，与入水流速、角度、含水浓度及入水形态有关，一般取 0.003~0.006 m。

本文计算中取 $\alpha = 5.0$，$k_1 = 0.25$。

（2）水滴初始出射速度 u：

溅水试验观察表明，水滴的出射速度与粒径之间存在一定的相关性。大粒径水滴所需的入射冲量较大，故出射速度较小，溅射范围相对较小；粒径较小的水滴出射速度大，溅射范围广，但随着粒径的减小，飞行过程中所受的空气阻力迅速增大，因此不会出现超高速情况。对此，作者认为，同一粒径 $\overline{d}$ 的水滴，其对应的溅水出射速度 u_m 亦为随机变量，并且其概率密度分布仍然符合 Γ 函数形式[4, 9]：

$$f(u_m) = \frac{1}{\lambda_2^\beta \Gamma(\beta)} u_m^{\beta-1} \exp(-\frac{u_m}{\lambda_2}) \tag{8-3}$$

式中：β 为常数；$\lambda_2 = k_2 \overline{u}$，其中 $\overline{u}$ 为出射速度众值，k_2 为常数。

对于任意粒径 d 的水滴，其出射速度值 u 需作如下修正：

$$\frac{u}{u_m} = a \exp[b(\overline{d} - d)] \tag{8-4}$$

式中：a、b 为经验系数。

（3）水滴出射角 θ 的概率密度服从 Γ 函数分布：

$$f(\tan\theta) = \frac{1}{\lambda_3^\varepsilon \Gamma(\varepsilon)} (\tan\theta)^{\varepsilon-1} \exp(-\frac{\tan\theta}{\lambda_3}) \tag{8-5}$$

式中：ε 为常数；$\lambda_3 = k_3 \tan\overline{\theta}$，其中 $\overline{\theta}$ 为出射角众值，k_3 值的取值原则是使概率密度函数的峰值同确定性描述中的众值相对应。

（4）水滴的偏转角 φ 的概率密度满足正态分布：

$$f(\tan\varphi) = \frac{1}{\tan\sigma \sqrt{2\pi}} \exp\left[-\frac{(\tan\varphi - \tan\mu)^2}{2(\tan\sigma)^2}\right] \tag{8-6}$$

式中：μ 与 σ 分别为偏转角众值与均方差。

8.2 喷溅众值变量与时均条件

8.2.1 水滴喷射速度众值

1996 年，梁在潮[12]通过在水平方向建立动量方程，并假定碰撞水团与激溅水团的体积相等，推出了溅水水滴的反弹抛射初速度公式：

$$\bar{u} = \frac{1+e}{2} \frac{\cos \alpha_i}{\cos \bar{\theta}} u_i \qquad (8\text{-}7)$$

式中：u_i 与 α_i 为入射速度与入射角；$\bar{u}$ 与 $\bar{\theta}$ 为出射速度与反射角；e 为反映水团与下游水面碰撞非弹性效应的耗散系数。

通过物理模型试验，给出 $e = 0.55$，$\bar{\theta} = 136 - 2\alpha_i$，后者的适用范围为 $\alpha_i < 60°$，$\bar{\theta} > 30°$，若 $\alpha_i > 60°$，则 $\bar{\theta} = \alpha_i$。然而，对于垂直入射的溅水速度，未给出处理方法。

刘士和等[9]认为，水滴与水面的碰撞过程中，除动量守恒外，能量也应基本守恒，同时忽略表面张力的影响，导出了垂直碰撞与斜碰撞条件下的溅水出射速度公式：

垂直碰撞 $\qquad \dfrac{\bar{u}}{u_r} = 0.472\,2 - 1.788\,3 Fr_p^{-2} \qquad (4.28 \leqslant Fr_p \leqslant 15.9) \qquad (8\text{-}8)$

斜碰撞 $\qquad \dfrac{\bar{u}}{u_r} = 0.554\,5 + 343.17 Fr_p^{-2} \qquad (17.6 \leqslant Fr_p \leqslant 193.6)$

$$\bar{\theta} = 98.347 - 1.216\theta_r \qquad (37.5° \leqslant \theta_r \leqslant 55.9°) \qquad (8\text{-}9)$$

式中：u_r 与 θ_r 为入射速度与角度；u_s 与 θ_s 为出射速度与角度；Fr_p 为碰撞前水滴的弗劳德数，$Fr_p = \dfrac{u_r}{\sqrt{g d_p}}$，其中 d_p 为水滴直径。

刘士和的研究结果表明，水滴的反弹速度取决于入射水滴的速度与直径，同时还给出了垂直入射条件下的反弹速度，因此更具合理性。

刘宣烈[13]通过物理模型试验，对入射角为 15°~60°，入射流速为 37~59 m/s 条件下的溅水现象进行模拟。根据溅水区降雨强度的分布，得到了溅水出射速度的众值表达式：

$$\left. \begin{aligned} \bar{u} &= 20 + 0.495 u_i - 0.1\alpha_i - 0.000\,8\alpha_i^2 \\ \bar{\theta} &= 44 + 0.32 u_i - 0.07\alpha_i \end{aligned} \right\} \qquad (8\text{-}10)$$

式中：$\bar{u}$、$\bar{\theta}$ 分别为出射速度和出射角的众值；u_i、α_i 分别为入射速度和入射角的众值。

刘宣烈的研究结果表明，出射速度与入射速度及入射角有关，当入射角较大时，反射速度与反射角均减小；溅水区的纵向长度与半宽皆随入射速度的增加而增加。由于溅水本身为一随机现象，上述反射速度与反射角分别对应模型溅水分布的众值，因此该公式具有明确的统计意义。

数值模型试验计算结果表明，对于高速射流(大于 37 m/s)的溅水出射速度，采用刘宣烈的公式计算较为合理；在溅水模型试验中，由于入水一般在 10 m/s 量级，对于溅水出射速度的求解宜采用刘士和的公式，溅水分布形态更具合理性；对于反射角，上述公式均表明，反射角随着入射角的增大而减小，上述规律还有待进一步分析与验证。

8.2.2　喷射水滴的直径众值与颗粒流量

一般地，自然降雨的雨滴直径为 0.1~6 mm。溅水水滴直径的众值与入水流速、角度、流量以及入水形态有关，一般取 3~6 mm，本次计算取 5 mm。

由于水舌核心水股含水量大，挟带空气一起下潜入水，只有外侧紊动水层参与溅水过程，其喷射厚度与水舌的紊动尺度有关。根据前人的研究成果，对于水舌表面紊动尺度可以近似用下式表示：

$$D = \eta \sqrt{\frac{vR}{u_*}} \tag{8-11}$$

式中：η 为系数，可取 25；v 为水的运动黏滞系数；R 为水力半径；u_* 为摩阻流速，其表达式为 $u_* = \sqrt{\tau / \rho_w}$，其中 τ 为空气阻力 $\tau = 0.5C_t \rho_a u^2$，ρ_w 为水的密度。

水舌空中沿程掺气与扩散，入水外缘的含水浓度下降为 C，因此溅水喷射厚度可以表示为

$$h = D / C = \frac{\eta}{C} \sqrt{\frac{vR}{u_*}} \tag{8-12}$$

水舌入水喷射的喷溅流量可进一步表示为

$$q = \int_0^l khu_i \mathrm{d}l \qquad (8\text{-}13)$$

式中：k 为喷溅系数，k =0.01~0.1；u_i 为入射速度；l 为水舌前缘宽度。

在确定溅水流量 q 的前提下，单位时间内的颗粒流量 N 可采用下式求得：

$$N = \frac{6q}{\pi d_m^3} \qquad (8\text{-}14)$$

式中：d_m 为平均粒径。

由于 d_m 未知，计算中为保证溅水总量的守恒，首先以众值粒径 $\bar{d}$ 求得颗粒流量初值 $\bar{n} = \dfrac{6q}{\pi \bar{d}^3}$，然后根据水滴粒径的 Γ 分布假定，随机生成 $\bar{n}$ 个水滴，并统计出射总量 $\bar{q} = \dfrac{1}{6}\sum_{i=1}^{\bar{n}} \pi d_i^3$，最后将颗粒流量修正为 $N = q\bar{n}/\bar{q}$。

8.2.3　溅水源区的处理方法

当水舌入水较为集中时，喷射源可作为点源，喷溅位置与时均速度视为一个常量。然而，实际工程中水舌充分扩散，入水外缘形成一个较宽的溅水源区，其入水位置、入水速度与角度、含水浓度等均非常量，为准确反映溅水出射速度及含水浓度的空间分布，本书模型中根据水舌前缘形态，将溅水出射源分解为多段线源的组合，每段喷射源的厚度、入水速度、含水浓度、相对位置可参考物理模型试验、经验公式或水舌模型计算成果。

8.3　溅水模型的数值计算方法

8.3.1　喷射时间的离散

首先，应按照水滴喷射速度的众值与落差，估算水滴自由抛射后在空中的停留时间 t，恒定喷射计算历时 T 一般不应小于该时段的 2 倍。

假设在喷射时间 T 内，总的喷射水滴量为 $N = Tn$，n 为喷射样本数。

将计算时间离散为 m 个时间步长 dt，每个步长内的水滴喷射量为 $N_i=N/m$。对于每个时刻喷射出的 N_i 个水滴，运用四阶 Runge-Kutta 法求解其运动过程,每个水滴的最大可能飞行历时为 $t_i=T(m-i)/m$, $i=1\sim m$。

8.3.2 喷溅空间的离散

为统计喷溅空间内含水浓度与雨通量的分布,须将三维喷溅空间离散为控制体单元,但该方法的计算存储量过大。在工程实际中,更为关注的是下垫面上的降雨强度分布,为此采取如下处理方法:

（1）在溅水空间取一个地形曲面(或平面),并离散为单位尺度的网格。每次计算只考虑该曲面上的浓度与降雨强度分布,这样模型计算存储量大大减小。如此,对于不同高程的曲面则需要分别进行计算。

（2）程序共进行 M 次喷射计算,每次喷射过程又分为 m 个时间段,在每一个时间段内,计算 N_i 个喷射水滴的飞行轨迹。同时,对每个水滴的位置进行判断,若其在 $n-1$ 时刻位于计算平面以上,而 n 时刻位于该平面以下,则表明水滴已穿过该平面。根据其平面坐标,将其计入相应的平面网格,同时该水滴的飞行将终止。

（3）当所有 M 次喷射过程计算完成后,统计每个网格内穿过的总水量,再除以喷溅历时 T、网格水平投影面积与试验次数 M,即可得到该平面上的时均降雨强度分布。

另外,在计算降雨强度的同时,也可根据时段末水滴在平面上下的位置,统计得到网格形心处的水滴体积浓度分布。

8.3.3 水舌风场的分布规律

泄洪过程中,在入水点下游形成巨大的水舌风。该风场主要由纵向风场与径向风场两部分组成。纵向风场为空中水舌的水平分量所形成的拖曳风场,可用下式表示:

$$U = u_i\cos\alpha_i\exp(k_5 x / L)\exp(k_5 y^2 / R^2) \tag{8-15}$$

径向风场由水舌入水的垂向分量所形成,可用下式表示:

$$V = u_i\sin\alpha_i\exp\left(k_5\sqrt{x^2+y^2} / B\right) \tag{8-16}$$

合成风场:

$$u_{\mathrm{f}} = \sqrt{U^2 + V^2 x^2 / \sqrt{x^2 + y^2}}$$
$$v_{\mathrm{f}} = Vy / \sqrt{x^2 + y^2}$$

$$\left.\begin{array}{c} \\ \\ \end{array}\right\} \qquad (8\text{-}17)$$

式中：u_i 为水舌入水流速；α_i 为水舌入水角度；k_5 为纵向与横向分布系数，取 k_5=ln0.5；L 为雾化纵向分布范围，可参考第4章中计算结果；R 为水舌入水时横向宽度的半值，m；B 为水舌横向宽度，m；x 和 y 坐标均以水舌入水形心为坐标零点。

对于垂向入射水舌，仅考虑径向风场；对于多个水舌的情况，需要根据每个水舌的入水位置，分别建立上述水舌风场，然后求得合成风速。

水舌风场与雾化本身是相互伴生、不可分割的，其风速量级远远大于自然风场，因此在溅水计算中必须予以考虑。

8.3.4　风速与地形对溅水分布的影响

对于复杂风场与自然地形下的溅水分布，理论上可采用如下计算方法：

（1）对于环境风的影响，可近似将其视为均匀风场，在水滴动力学方程中加以考虑；对于水舌风的影响，由于其空间变化较为复杂，水滴在运动过程中所受风阻的大小与方向非常数。为此，需引入一个通用神经网络计算模块，该模块可根据水滴所处的空间位置，实时计算当地风速，并以此求解动力学方程。具体步骤如下：

①通过数值计算或模型试验方法，得到喷溅范围内的三维风速场；

②运用通用 RBF 神经网络学习模块对风速场进行学习，得到风速场的关系矩阵；

③溅水模型在每个时间步长内，调用神经网络输出模块及风场关系矩阵，根据水滴的空间位置，计算出当地风速；

④将该风速值代入水滴运动微分方程，求解该步长内的水滴飞行速度与轨迹。

该神经网络模块的输入矢量为水滴的空间位置 $[X, Y, Z]_N$，输出矢量为对应的风速 $[U, V, W]_N$，N 为每个步长内的喷射水滴数量。

（2）对于自然地形的影响，同样通过调用该神经网络计算模块及地形关系矩阵，实时计算水滴平面坐标对应的地面高程，以判别是否结束飞行。网络的输入矢量为水滴的平面位置$[X, Y]_N$，输出矢量为对应的地面高程$[Z]_N$。

关于神经网络的计算理论与方法可参见第 5 章内容。

8.3.5　计算中的数值振荡问题

喷射水滴的粒径为一随机变量，其值无下限。由水滴运动微分方程得知，水滴所受的空气阻力(拖曳)加速度与直径成反比。因此，无论时间步长取多小，当水滴粒径小于某一值时，水滴运动的计算都会发生数值振荡。因此，在采用 Runge-Kutta 法计算过程中，在每个时间步长内，需对水滴在三维方向上所受的阻力加速度进行判断，若其值在任一方向上发生逆转，表明水滴运动速度在该方向上已经与风场达到同步(加速度为 0)，下一时间步长内，该方向运动分量应按初始加速度为零计算。

8.4　溅水模型计算实例

根据上述溅水理论与计算方法，开发随机喷射计算模型，并结合实际工程的水工模型试验成果[14]，进行溅水分布的数值计算，以验证其有效性。

8.4.1　溅水条件与计算参数

根据模型试验成果，溅水过程的水舌入水形态见图 8-1，具体入射参数见表 8-1。

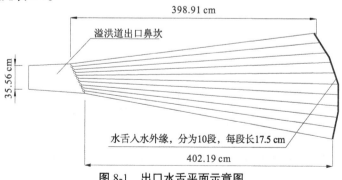

图 8-1　出口水舌平面示意图

计算中将其入水前缘分为 10 段，每段长度均为 0.175 m。各段线源的出射流量 q 、出射速度众值 $\bar{u}$ 、出射角度众值 $\bar{\theta}$ 和水平偏转角众值 $\bar{\varphi}$ 可由计算模型根据入射条件自行求得。

数学模型的计算网格尺寸取 10 cm，计算时间 $T=25$ s，计算步长 $dt=0.125$ s。喷溅系数 $k=0.03$ ；水滴粒径众值 $d_m=0.005$ m，随机分布参数 $\alpha=20$ ， $\lambda=0.05\bar{d}$ ；喷射速度的随机分布参数 $\beta=4$ ， $\lambda=0.25\bar{u}$ ，喷射速度与喷射粒径的相关性特征参数 $a=1$ ， $b=140$ ；出射角的随机分布特征系数 $\varepsilon=2$ ， $\lambda=\tan\bar{\theta}$ ；水平偏转角的均方差 $\sigma=15°$ 。

表 8-1 水舌入水前缘各分段的入射计算条件

分段编号	形心坐标 (m)		宽度 (m)	厚度 (m)	入射角 (°)	偏转角 (°)	入射流速 (m/s)	入射流量 (m³/s)
	X	Y						
1	−0.031	0.541	0.175	0.15	38.63	5.25	9.06	0.018 1
2	0.093	0.414	0.175	0.15	38.74	3.93	9.08	0.018 2
3	0.200	0.274	0.175	0.15	38.85	2.48	9.10	0.018 2
4	0.286	0.119	0.175	0.15	38.96	0.90	9.12	0.018 3
5	0.345	−0.048	0.175	0.15	39.07	−0.81	9.14	0.018 3
6	0.377	−0.222	0.175	0.15	39.18	−2.61	9.14	0.018 3
7	0.372	−0.397	0.175	0.15	39.29	−4.46	9.10	0.018 2
8	0.320	−0.564	0.175	0.15	39.40	−6.28	9.06	0.018 1
9	0.222	−0.710	0.175	0.15	39.51	−7.94	9.02	0.018 1
10	0.065	−0.838	0.175	0.15	39.62	−9.49	8.97	0.018 0

8.4.2 风速与地形条件

运用随机喷溅模型，对风速场与地形的影响进行计算分析。具体计算工况见表 8-2。

表 8-2　模型计算工况一览

工况编号	工况说明
I	下游开阔地形，理想无风状态，降雨强度计算平面距水面 40 cm
II	下游开阔地形，高斯分布水舌风，降雨强度计算平面距水面 40 cm
III	下游开阔地形，均匀环境风场，与溅水方向平行，计算平面距水面 40 cm
IV	下游开阔地形，均匀环境风场，与溅水方向呈 30°夹角，计算平面距水面 40 cm
V	下游呈 V 形河谷地形，均匀环境风场，均与溅水方向呈 30°夹角，计算平面为 V 形河谷曲面
VI	下游呈 V 形河谷地形，高斯分布水舌风，均与溅水方向平行，计算平面为 V 形河谷曲面
VII	下游自然河谷地形，高斯分布水舌风场，计算平面即为下游地形区面

风场分为环境风场与水舌风场两种。其中，水舌风场简化为高斯分布 $u = F(x)\exp(-\dfrac{y^2}{\sigma^2})$，$\sigma = 0.56$ m，u 为纵向水舌风，x 为纵向坐标，y 为横向坐标，$F(x)$ 为中心线附近平均风速，计算中取 4 m/s；环境风场的风速大小取 6 m/s。

下游地形分为平面无地形、45°角对称 V 形河谷与自然河谷地形 3 种，其中对于自然河谷地形，在计算过程中需要针对每个水滴的运动轨迹，采用神经网络模块动态调整其终止条件。

8.4.3　溅水粒径与喷射速度的相关性研究

首先，假定溅水喷射速度与喷射粒径为互不相关的随机变量，我们称为假定 1；其次，采用本书关于喷射速度与粒径的相关性假定，称为假定 2。再次，通过溅水模型试验获得了该工况下溅水降雨强度的实测资料，可用于两种假定的对比分析。

图 8-2 为两种假定下溅水区的降雨强度分布，计算与试验对比结果表明：①假定 1 条件下，溅水分布较为平缓，雨区纵向范围约 15 m，降雨强度峰值为 80 mm/h。②假定 2 条件下，溅水分布较为陡峻，雨区纵向范围约 6 m，降雨强度峰值大于 120 mm/h。③参考相同工况下的模型试验成果，可知溅水区的纵向分布范围为 5~8 m，且溅水近区的降雨

强度在 120 mm/h 以上。相比而言，假定 2 较为合理。

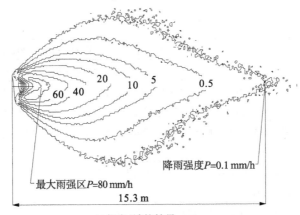

(a)假定1计算结果

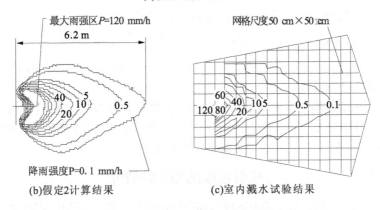

(b)假定2计算结果　　　　　(c)室内溅水试验结果

图 8-2　两种喷射假定下的降雨强度分布计算结果

(单位：尺寸，m；雨强，mm/h)

　　分析表明，若假定溅水水滴的出射速度与粒径大小无关，则部分大粒径水滴将获得较大的初速度，由于空气阻力相对较小，计算得到的溅水区范围较实际情况成倍增加，同时降雨强度的分布明显坦化，这显然与试验情况不符。当然，实际工程中泄洪功率巨大，对于粒径小于 6 mm 范围内的雨滴，其出射速度与粒径变化的相关性有所下降，有关系数还需要进行调整。

8.4.4 不同条件下溅水分布计算结果

图 8-3~图 8-9 为工况Ⅰ~Ⅶ条件下，下游溅水区降雨强度等值线分布图。上述计算结果表明：

（1）在理想无风的条件下，溅水分布形态呈扁圆型，然而，在水舌风场的作用下，溅水区域被纵向拉伸。其中，中间部分的风速较大，溅水水滴的飞行距离较远，因此溅水形态呈三角形。

（2）在均匀风场的作用下，水舌溅水区域形态呈椭圆型。而在 30°斜向风场条件下，溅水分布发生偏转，尤其是降雨强度较小的区域，偏转幅度较近区要大。

（3）在 V 形河谷条件下，溅水横向范围明显被压缩，溅水分布呈狭长形。其原因在于，两岸地形高程较高，水滴飞行终止条件发生改变。

（4）在下游自然河谷条件下，溅水水滴的飞行终止条件比较复杂，采用神经网络对其进行动态求解，计算得到的溅水雨强分布较为合理。

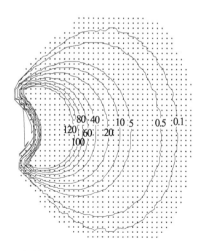

图 8-3 工况Ⅰ条件下溅水降雨强度平面分布 （单位：mm/h）

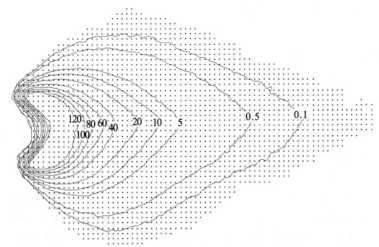

图 8-4　工况Ⅱ条件下溅水降雨强度平面分布（单位：mm/h）

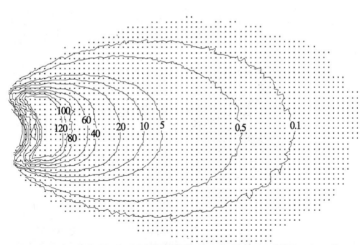

图 8-5　工况Ⅲ条件下溅水降雨强度平面分布（单位：mm/h）

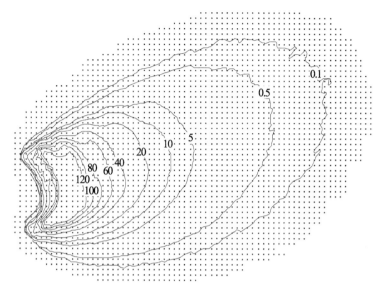

图 8-6 工况Ⅳ条件下溅水降雨强度平面分布 （单位：mm/h）

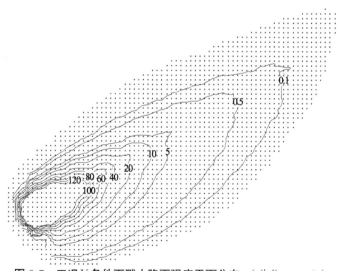

图 8-7 工况Ⅴ条件下溅水降雨强度平面分布 （单位：mm/h）

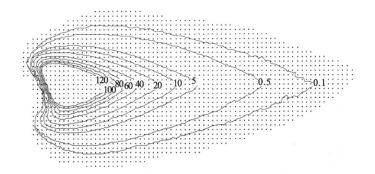

图 8-8　工况Ⅵ条件下溅水降雨强度平面分布 （单位：mm/h）

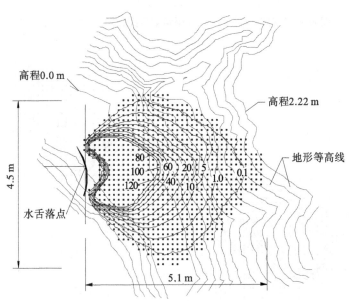

图 8-9　工况Ⅶ条件下溅水降雨强度平面分布 （单位：mm/h）

8.5 小　结

通过对随机溅水出射随机假定、喷溅时均量的求解、喷射时间与空间的离散方法、风速与地形的影响等问题进行研究，提出了具体的计算模型。

对于溅水出射条件中的喷溅粒径与喷溅速度，指出两者具有一定的相关性，小粒径的水团相对于大尺寸的水团更容易获得较高的出射速度，通过引入相关的经验关系式，对溅水分布进行修正，并得到了试验验证。

计算模型通过对水舌入水前缘、溅水时间与空间进行离散，可充分计及水舌入水形态与喷溅历时对溅水雾化的影响，计算结果更符合实际情况。

通过引入神经网络计算模块，使得模型具备模拟自然地形与复杂风场条件下溅水降雨强度分布的能力，提高了模型的适应性。

参 考 文 献

[1] L Allocca，L Andreassi，S Ubertini. Enhanced splash models for high pressure diesel spray[J]. Journal of Engineering for Gas Turbines and Power，2007，129(2).

[2] Mohammad P Fard，Denise Levesque，et al. Characterization of splash-plate atomizers using numerical simulations，atomization and sprays[J]. Journal of the International Institutes for Liquid Atomization and Spray Systems. 2007，17(4).

[3] Abhijit Guha. Transport and deposition of particles in turbulent and laminar flow[J]. Annual Review of Fluid Mechanics，2008，40.

[4] 张华. 挑流水舌的水滴随机喷溅数学模型[J]. 水利学报，2003(8).

[5] Shihe Liu，Xiaofei Sun，Jing Luo. Unified model for splash droplets and suspended mist of atomized flow[J]. Journal of Hydrodynamics，Ser. B，2008，20(1).

[6] Shihe Liu，Shuran Yin，Qiushi Luo，et al. Numerical simulation of atomized

flow diffusion in deep and narrow goeges[J]. Journal of Hydrodynamics, Ser. B, 2006, 18(3).

[7] Hongdong Duan, Shihe Liu, Qiushi Luo, et al. Rain intensity distribution in the splash region of atomized flow[J]. Journal of Hydrodynamics, Ser. B, 2006,18(3).

[8] 孙笑菲，刘士和. 雾化水流溅抛水滴运动深化研究[J]. 水动力学研究与进展：A 辑，2008，23(1).

[9] 刘士和，曲波. 泄洪雾化溅水区长度深化研究[J]. 武汉大学学报：工学版，2003，10(5).

[10] 段红东，刘士和，罗秋实，等. 雾化水流溅水区降雨强度分布探讨[J]. 武汉大学学报：工学版，2005，38(5).

[11] 何光渝，高永利. Visual Fortran 数值计算方法集[M]. 北京：科学出版社，2002.

[12] 梁在潮. 雾化水流溅水区的分析与计算[J]. 长江科学院院报，1996.

[13] 刘宣烈. 龙滩水电站泄洪雾化的数学模型研究[R]. 天津：天津大学水利水电工程系，2002.

[14] 柳海涛，孙双科. 大渡河双江口洞式溢洪道水工模型试验及泄洪雾化影响分析[R]. 北京：中国水利水电科学研究院，2009.

第9章 溅水试验分析与计算验证

国外对于雾化与喷溅的试验研究主要分为两类：一类是粒子的喷射过程及其相互作用[1-3]；另一类是粒子与其他介质表面碰撞产生的溅射运动[4-7]，对于大量水滴入水导致的激溅问题，鲜有相关的研究报道。相对而言，国内在该领域的研究虽有一些进展[8-11]，但对于溅水引起的降雨强度平面分布，亦缺乏专门的试验分析与计算验证。为此，作者结合水工模型试验，对掺气水舌的入水激溅进行分析，并对随机溅水模型进行了计算验证。

9.1 模型设计与试验工况

9.1.1 模型设计及试验设备

水舌入水激溅试验采用的出口鼻坎体型分为两种：一种是水平等宽坎，宽度为 35.55 cm，挑角为 0°；另一种是斜切扩散坎，左右两侧的扩散角分别为 5.886°和 7.986°，挑角分别为-0.029°和 0.0157°。两者的底弧半径均为 178 cm，鼻坎出口的流量为 0.18~0.27 m³/s，出口流速为 6~8 m/s，入水流速为 8.5~9.5 m/s，入水角度为 37°~40°。鼻坎出口距离下游水面的高差为 1.5~1.8 m，水舌挑距为 3.7~4.3 m。雾化区内降雨强度分布采用集水盒量测，测点布置见图 9-1。测试盒置于网格结点上。试验过程中，通过记录每个集水盒的质量与采集时间，可计算得到各点处的降雨强度。

试验通过采用称重法最终获得不同工况下溅水降雨强度的平面分布。试验的主要测试设备如下：高精度电子称(0.01 g/2 000 g)；电子秒表(0.01 s/99 h)；便携式毕托管，配有压差传感器与采集系统，最大流速量程 10 m/s；热球式与旋桨式电子风速仪，最小读数为 0.01~0.1 m/s，最大量程为 10~30 m/s；直尺，最大长度 6 m，用于确定水舌入水的相对位置；圆形测试盒，内径 7.3~7.9 cm，高度 3~4 cm，测量前须对每个测试盒进行编号、称重，并记录其内缘直径。

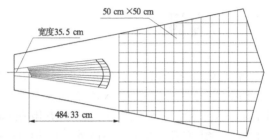

图 9-1　溅水试验模型雨强测点布置图

9.1.2　研究工况与试验步骤

本次试验针对水平等宽坎与斜切扩散坎两种体型,研究了不同流量下的下游溅水降雨强度的分布。试验工况共 8 组,具体数见表 9-1。其中,工况 I~IV 主要针对等宽鼻坎体型下的溅水分布进行测量;工况 V~VIII则针对扩散水舌下的溅水平面分布进行测量。

表 9-1　溅水工况的试验参数

工况编号	出口流量 (m³/s)	出口流速 (m/s)	水舌落差 (m)	水舌挑距 (cm)	水舌宽度 (cm)	入水流速 (m/s)	入水角度 (°)	测试平面高度 (cm)	说明
I	0.178	6.95	1.66	367(两侧)/396(中部)	40	8.99	39.4	40	水平等宽坎
II	0.198	6.97	1.66	366(两侧)/409(中部)	40	9.00	39.3	40	
III	0.230	6.99	1.66	375(两侧)/413(中部)	41	9.02	39.2	40	
IV	0.274	7.04	1.66	386(两侧)/423(中部)	41	9.06	39.0	40	
V	0.182	6.94	1.66	369(两侧)/395(中部)	142	8.87	39.3	40	斜切扩散挑坎
VI	0.198	6.98	1.61	378(两侧)/406(中部)	144	9.01	38.9	35	
VII	0.234	7.06	1.81	393(两侧)/421(中部)	149	9.08	38.6	55	
VIII	0.268	7.15	1.66	401(两侧)/429(中部)	152	9.09	38.2	40	

注:测试平面高度为降雨强度测试平面距离水面的高度。

溅水试验的基本步骤如下：

（1）通过控制上、下游水位得到稳定的水舌入水条件，采用压差毕托管得到鼻坎出口的流速分布；实测确定水舌入水前缘的相对位置与形态；采用量水堰确定水舌的入水流量；记录集水平面相对于下游水面的高度；计算得到各工况的入水流速与入水角度，结果见表9-1。

（2）当水舌入水与下游水位条件稳定后，自溅水影响区的远区边界开始，由远及近，逐点放置测试盒，同时记录每个测试盒的编号、位置与初始时间。

（3）放置完成后，根据不同区域测试盒的集水情况(水深一般不要超过盒深的2/3，防止二次激溅)，由近及远逐一回收、拭干，同时记录测试盒的编号、终止时间与总质量。

（4）根据每个测试盒的平面位置、净重、集水后质量、内缘直径、前后集水时间等因子，可以计算得到测试平面上各点的降雨强度值，并绘制出降雨强度等值线图。

9.2　溅水试验成果分析

9.2.1　溅水区降雨强度的试验成果

表9-2与表9-3分别为水平等宽坎与斜切扩散坎条件下溅水降雨强度试验结果。其中，测点的纵向坐标为相对水舌入水点最前缘的距离，横向坐标则以泄洪道中轴线为准，左侧为正，右侧为负。图9-2~图9-9为水平等宽坎与斜切扩散坎下游，测试平面上溅水强度等值线分布图。试验结果表明：

（1）入水激溅的强度与范围主要与水舌入水形态、流速等因素有关。当采用扩散坎时，水舌入水宽度增加；中心线上的溅水强度较等宽鼻坎明显要大。

（2）从降雨强度的分布规律看，降雨强度在纵向上迅速减小，在横向上其分布呈中间大、两侧小的形态，对于等宽鼻坎，降雨强度的横向分布基本对称。

（3）溅水降雨强度的分布在近区呈椭圆形，但在风场作用下，降雨区由近及远逐渐被拉伸，在平面上呈三角形分布。

（4）在不同高程平面上，降雨强度的分布也有所不同。如工况 7 中，测试平面的相对高度由原来 40 cm 上升到 55 cm，降雨强度明显减小。

表 9-2　水平等宽坎条件下溅水降雨强度试验数据

测点坐标(cm)		降雨强度 P (mm/h)			
纵向	横向	工况 I	工况 II	工况 III	工况 IV
139	0	—	—	—	216.78
188	− 100	15.78	16.50	18.60	24.30
188	− 50	59.39	53.50	73.00	50.70
188	0	83.70	90.00	104.00	104.80
188	50	60.00	55.10	80.80	56.00
188	100	15.98	13.70	18.69	24.80
237	− 100	3.93	2.87	14.60	10.20
237	− 50	20.54	14.90	28.70	19.00
237	0	31.80	36.20	45.00	45.90
237	50	19.19	14.17	29.30	23.00
237	100	4.30	4.91	16.14	15.07
286	− 100	0.78	0.92	3.32	9.40
286	− 50	2.78	3.40	7.98	12.90
286	0	5.83	8.90	14.70	18.00
286	50	2.70	3.40	9.10	14.40
286	100	0.61	1.20	4.60	10.40
336	− 100	0.41	0.23	1.51	4.60
336	− 50	0.95	0.98	3.50	7.28
336	0	1.78	1.80	7.40	10.00
336	50	0.90	0.90	3.57	8.19
336	100	0.21	0.30	1.85	4.79
385	− 100	0.10	0.09	0.26	0.37
385	− 50	0.18	0.26	0.86	1.72

测点坐标(cm)		降雨强度 P (mm/h)			
纵向	横向	工况 I	工况 II	工况III	工况IV
385	0	0.34	0.57	1.96	3.70
385	50	0.16	0.24	1.05	1.68
434	− 100	0.03	0.01	0.02	0.06
434	− 50	0.05	0.03	0.18	0.12
434	0	0.13	0.05	0.38	0.18
434	50	0.04	0.03	0.21	0.11
434	100	0.01	0	0.02	0.05
483	− 100	0.02	0	0	0.02
483	− 50	0.03	0.02	0.01	0.03
483	0	0.07	0.04	0.01	0.09
483	50	0.02	0.02	0.01	0.04
483	100	0	0	0	0.01
532	− 100	0	0	0	0.01
532	− 50	0.01	0.01	0	0.02
532	0	0.03	0.02	0.01	0.06
532	50	0.01	0.01	0	0.02
532	100	0	0	0	0
581	− 100	0	0	0	0
581	− 50	0	0	0	0
581	0	0	0	0	0
581	50	0	0	0	0
581	100	0	0	0	0

表 9-3　斜切扩散坎条件下溅水降雨强度试验数据

测点坐标(cm)		降雨强度 P (mm/h)			
纵向	横向	工况 V	工况 VI	工况 VII	工况 VIII
139	− 50	138.92	—	—	—
139	− 100	36.17	—	—	—
139	− 150	4.51	—	—	—
139	− 200	0.46	—	—	—
188	200	0.20	—	—	—
188	150	4.00	—	—	—
188	− 100	17.50	17.90	4.54	37.40
188	− 50	52.82	66.30	13.60	87.72
188	0	89.17	96.38	18.34	124.00
188	50	56.00	66.30	13.28	89.50
188	100	14.90	19.50	4.67	36.30
188	150	2.07	—	—	—
188	200	0.23	—	—	—
237	− 200	0.09	0.14	0.18	0.09
237	− 150	2.20	1.18	0.80	3.70
237	− 100	6.10	5.50	3.30	15.50
237	− 50	22.69	31.00	8.88	29.50
237	0	41.80	46.49	12.32	52.00
237	50	24.10	31.00	9.48	30.80
237	100	5.70	6.40	3.39	15.30
237	150	1.25	1.30	1.10	4.50
237	200	0.10	0.13	0.40	0.30
286	− 200	0.03	0.06	0.05	0.28
286	− 150	0.57	0.43	0.56	1.75

测点坐标(cm)		降雨强度 P (mm/h)			
纵向	横向	工况 V	工况 VI	工况 VII	工况 VIII
286	– 100	2.8	2.40	1.60	6.49
286	– 50	7.89	8.90	4.44	12.91
286	0	17.51	20.23	7.23	24.30
286	50	7.72	8.90	4.70	12.91
286	100	1.67	3.20	1.89	6.00
286	150	0.23	1.33	0.87	1.94
286	200	0.04	0.07	0.28	0.50
336	– 200	0.03	0.02	0.07	0.05
336	– 150	0.40	0.15	0.28	0.41
336	– 100	1.47	1.32	1.08	3.04
336	– 50	5.20	4.53	2.58	8.73
336	0	9.73	10.57	4.30	11.66
336	50	5.11	4.53	2.66	8.80
336	100	1.32	1.41	1.11	3.07
336	150	0.28	0.37	0.37	0.54
336	200	0.01	0.03	0.07	0.03
385	– 200	0.02	0.01	0.08	0.03
385	– 150	0.16	0.04	0.33	0.32
385	– 100	0.50	0.50	0.90	1.36
385	– 50	1.52	2.00	2.08	3.35
385	0	4.11	3.94	3.86	5.59
385	50	1.42	1.91	2.10	3.38
385	100	0.40	0.48	0.84	1.33
385	150	0.05	0.11	0.31	0.31

测点坐标(cm)		降雨强度 P(mm/h)			
纵向	横向	工况Ⅴ	工况Ⅵ	工况Ⅶ	工况Ⅷ
385	200	0.01	0.02	0.10	0.02
434	−255	0	0	0	0
434	−200	0.06	0	0.01	0.01
434	−150	0.14	0.06	0.02	0.10
434	−100	0.33	0.21	0.27	0.49
434	−50	0.79	0.80	0.91	1.56
434	0	1.71	1.47	1.40	2.32
434	50	0.75	0.81	0.94	1.54
434	100	0.31	0.23	0.30	0.48
434	150	0.12	0.06	0.06	0.12
434	200	0.04	0.01	0.01	0.01
434	254	0	0	0	0
483	−255	0	0	0	0
483	−200	0.01	0	0	0.02
483	−150	0.05	0.03	0.01	0.10
483	−100	0.15	0.13	0.19	0.29
483	−50	0.57	0.53	0.73	1.04
483	0	1.05	1.04	1.43	1.61
483	150	0.03	0.05	0.02	0.10
483	50	0.56	0.52	0.70	1.03
483	100	0.17	0.14	0.19	0.30
483	200	0	0.01	0	0.05
483	254	0	0	0	0.03
532	−255	0.01	—	0	0.01

续表 9-3

测点坐标(cm)		降雨强度 P(mm/h)			
纵向	横向	工况Ⅴ	工况Ⅵ	工况Ⅶ	工况Ⅷ
532	− 200	0.03	0	0.01	0.01
532	− 150	0.11	0.01	0.03	0.05
532	− 100	0.34	0.13	0.16	0.29
532	− 50	0.58	0.41	0.50	0.79
532	0	0.34	0.75	0.93	1.06
532	50	0.11	0.39	0.50	0.74
532	100	0.03	0.13	0.18	0.30
532	150	0	0.01	0.07	0.06
532	200	0	0	0.02	0
532	254	0.01	0	0	0
581	− 255	0.03	—	0.01	0.01
581	− 200	0.07	0.02	0.01	0.02
581	− 150	0.20	0.04	0.04	0.05
581	− 100	0.34	0.10	0.10	0.17
581	− 50	0.19	0.25	0.30	0.43
581	0	0.06	0.42	0.48	0.65
581	50	0.02	0.25	0.30	0.43
581	100	0.01	0.10	0.11	0.16
581	150	0	0.04	0.04	0.05
581	200	0.04	0.02	0.02	0.02
581	254	0.11	0.01	0.01	0
630	− 200	0.19	0.01	0.01	0.01
630	− 150	0.11	0.01	0.03	0.02
631	− 100	0.04	0.07	0.09	0.08

续表 9-3

测点坐标(cm)		降雨强度 P(mm/h)			
纵向	横向	工况 V	工况 VI	工况 VII	工况 VIII
631	– 50	0	0.18	0.21	0.20
631	0	0	0.25	0.28	0.31
631	50	0.02	0.18	0.21	0.20
631	100	0.08	0.07	0.08	0.08
631	150	0.12	0.02	0.03	0.03
631	200	0.08	0	0.01	0.01
680	– 200	0.03	—	—	0.01
680	– 150	0	0.01	0.01	0.03
680	– 100	—	0.05	0.06	0.10
680	– 50	—	0.12	0.13	0.24
680	0	—	0.17	0.19	0.32
680	50	—	0.11	0.13	0.23
680	100	—	0.05	0.05	0.10
680	150	—	0.01	0.01	0.02
680	200	—	—	—	0.01
729	– 150	—	0	0.01	0.01
729	– 100	—	0.02	0.03	0.05
729	– 50	—	0.05	0.05	0.13
729	0	—	0.09	0.08	0.15
729	50	—	0.05	0.06	0.13
729	100	—	0.02	0.03	0.05
729	150	—	0.01	0.01	0.01
729	254	—	—	—	—

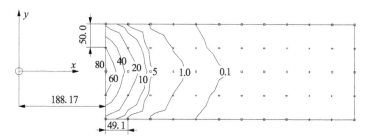

图 9-2　工况 I 溅水条件下降雨强度等值线分布

(单位: 尺寸, cm; 雨强, mm/h)

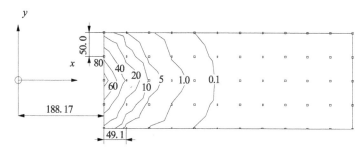

图 9-3　工况 II 溅水条件下降雨强度等值线分布

(单位: 尺寸, cm; 雨强, mm/h)

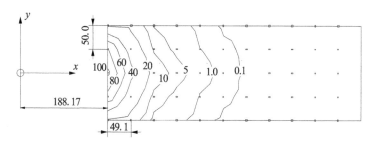

图 9-4　工况 III 溅水条件下降雨强度等值线分布

(单位: 尺寸, cm; 雨强, mm/h)

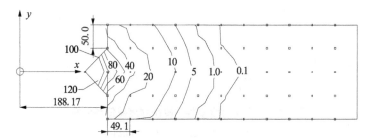

图 9-5 工况Ⅳ溅水条件下降雨强度等值线分布

(单位：尺寸，cm；雨强，mm/h)

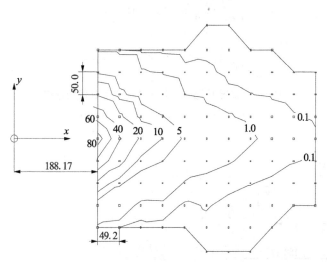

图 9-6 工况Ⅴ溅水条件下降雨强度等值线分布

(单位：尺寸，cm；雨强，mm/h)

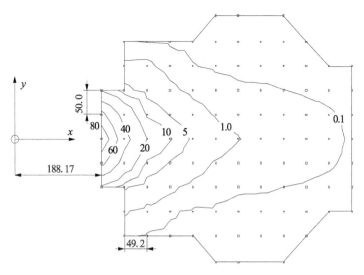

图9-7 工况Ⅵ溅水条件下降雨强度等值线分布

(单位：尺寸，cm；雨强，mm/h)

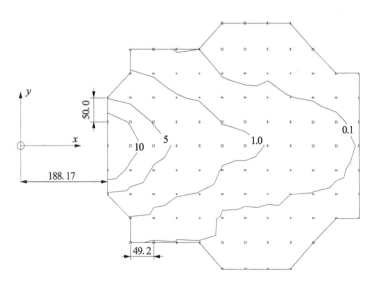

图9-8 工况Ⅶ溅水条件下降雨强度等值线分布

(单位：尺寸，cm；雨强，mm/h)

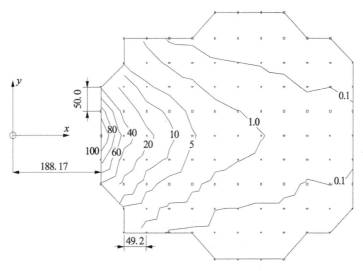

图 9-9　工况Ⅷ溅水条件下降雨强度等值线分布

(单位: 尺寸, cm; 雨强, mm/h)

9.2.2　挑坎型式与入水条件对溅水雨强分布的影响

研究表明, 挑坎体型、流量及水舌入水宽度等因素对下游溅水分布有明显的影响。

图 9-10 为两种体型下的溅水降雨强度纵向分布。溢洪道出口挑坎采用扩散体型后, 较等宽坎体型中心线上降雨强度均有所增大。

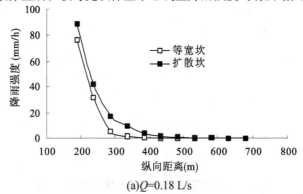

(a)Q=0.18 L/s

图 9-10　不同挑坎体型下溅水降雨强度的纵向分布试验结果

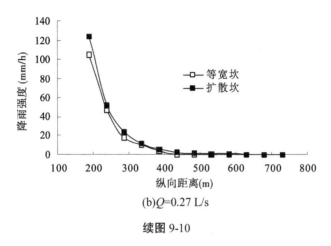

(b)Q=0.27 L/s

续图 9-10

图 9-11 为上述工况下，0+237 cm 与 0+385 cm 桩号处的降雨强度横向分布，采用扩散坎体型后，溅水区的横向宽度增大，但基本符合正态分布。分析表明，采用扩散挑坎将增大水舌的入水宽度，使得溅水源区的横向范围扩大，同时不同源区的溅水相互叠加，使得溅水强度呈中间大、两侧小的分布形态，基本符合正态分布，随着流量的增大，溅水强度与范围均有所增大。

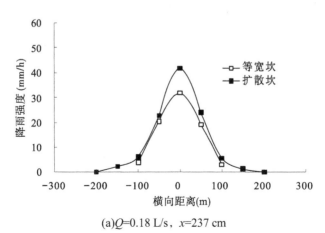

(a)Q=0.18 L/s，x=237 cm

图 9-11　不同挑坎体型下溅水强度横向分布

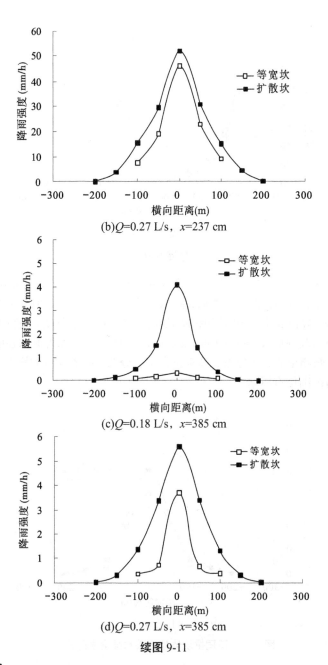

(b)Q=0.27 L/s，x=237 cm

(c)Q=0.18 L/s，x=385 cm

(d)Q=0.27 L/s，x=385 cm

续图 9-11

9.2.3 降雨强度纵向分布规律分析

相关的文献表明,溅水区降雨强度纵向分布符合Γ分布假定,即有下式成立:

$$\frac{P}{P_m} = f\left(\frac{x}{L_m}\right) = \frac{\lambda}{\beta^\alpha \Gamma(\alpha)}\left(\frac{x}{L_m}\right)^{\alpha-1}\exp\left(\frac{-1}{\beta}\frac{x}{L_m}\right) \tag{9-1}$$

式中:λ、α、β 为经验常数。

将式(9-1)简化为下式:

$$\frac{P}{P_m} = C\left(\frac{x}{L_m}\right)^a\exp\left(-b\frac{x}{L_m}\right) \tag{9-2}$$

式中:C 为峰值系数;a 为形态系数,$a = \alpha - 1$;b 为衰减系数,$b = \dfrac{1}{\beta}$;$C = \dfrac{\lambda}{\beta^a \Gamma(\alpha)}$。

运用工况 I~Ⅷ中心线上的溅水强度数据对式(9-2)进行验证。试验过程中,由于无法获取溅水降雨强度的峰值P_m,为此采用如下的拟合方法:

首先,将0+188 cm断面处的降雨强度值P_0作为初始P_m值,并运用实测的溅水长度L_m,对表9-2与表9-3中降雨强度与纵向距离数据进行无量纲化处理。其次,采用式(9-8)对其分布规律进行拟合,得到降雨强度峰值P_m与假设值P_0对应的函数值。最后,根据两个函数值之间的比值,对假设值P_0进行修正。重复上述步骤,直至降雨强度峰值对应的Γ函数值接近于1。

图9-12为溅水区降雨强度的最终拟合结果。其中,对于工况 I~Ⅳ,经验系数为$a=1$、$b=11.4$、$C=31$;对于工况 V、工况Ⅵ和工况Ⅷ,经验系数为$a=1$、$b=14$、$C=38$;对于工况Ⅶ,则有$a=1$、$b=9.5$、$C=26$。

上述结果分析表明:

(1)溅水出射条件对形态系数 a 无影响,在不同的鼻坎体型、流量、落差与测试高度等条件下,该系数均为1。

(2)鼻坎体型的差异对系数 b 与 C 有影响,在采用扩散型挑坎后,两个系数均增大,表明降雨强度的峰值与衰减速度均增大。

（3）当测试平面高度增加时(如工况Ⅶ)，系数 b 与 C 均减小，表明降雨强度的峰值与衰减速度同时减小，其分布明显坦化。

（4）在出口体型与测试平面均不变的条件下，流量的变化对系数 b 与 C 的影响也较小。

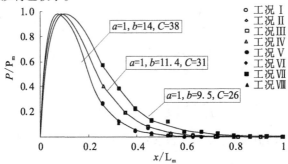

图 9-12 **溅水区降雨强度纵向分布规律与拟合结果**

上述研究也表明，随机溅水计算模型中对溅水粒径、速度、角度等随机变量，采用Γ分布函数的假定，具有一定的合理性。

9.2.4 风场对溅水雨强分布的影响分析

图 9-13 为工况Ⅴ条件下线距离水面 0.4~1.4 m 高度范围水舌风平均值的纵向分布。

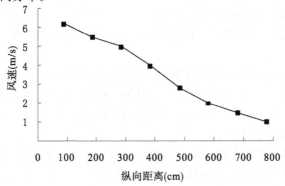

图 9-13 **工况Ⅴ条件下中心线上风速沿程变化**

试验观察表明，溅水水滴在风场作用下会飘移得更远。从工况Ⅴ中下游测试平面上降雨强度等值线分布(见图 9-6)可以看到，在风场作用下降雨区由近及远逐渐被拉伸，在平面上呈三角形分布。由此可见，对于溅水现象的随机模拟，风场对水滴的拖曳作用不可忽略。

9.3 溅水计算结果与试验结果的对比验证

9.3.1 随机溅水模型计算条件

针对工况 V 与工况Ⅷ中的试验条件，进行水舌风作用下的溅水模拟计算。水舌入水前缘各分段的入射计算条件见表 9-4，根据水舌入水形态，将其前缘分为 10 段，每段长度均为 0.175 m。溅水数学模型根据上述入射条件，自行求解各段线源的喷溅流量、速度、角度等众值，每个线源上水滴的初始位置采用均匀分布假定。

表 9-4 水舌入水前缘各分段的入射计算条件

分段编号	形心坐标 (m)		宽度 (m)	厚度* (m)	入射角 (°)	偏转角 (°)	入射流速 (m/s)	入射流量* (m³/s)
	x	y						
1	− 0.03	0.54	0.17	0.15/0.22	38.6	5.3	9.06	0.018/0.270
2	0.09	0.41	0.17	0.15/0.22	38.7	3.9	9.08	0.018/0.271
3	0.20	0.27	0.17	0.15/0.22	38.8	2.5	9.10	0.018/0.271
4	0.28	0.12	0.17	0.15/0.22	39.0	0.9	9.12	0.018/0.272
5	0.34	− 0.05	0.17	0.15/0.22	39.1	− 0.8	9.14	0.018/0.272
6	0.38	− 0.22	0.17	0.15/0.22	39.2	− 2.6	9.14	0.018/0.272
7	0.37	− 0.40	0.17	0.15/0.22	39.3	− 4.5	9.10	0.018/0.272
8	0.32	− 0.56	0.17	0.15/0.22	39.4	− 6.3	9.06	0.018/0.271
9	0.22	− 0.71	0.17	0.15/0.22	39.5	− 7.9	9.02	0.018/0.270
10	0.06	− 0.84	0.17	0.15/0.22	39.6	− 9.5	8.97	0.018/0.270

注：* 水舌厚度与流量分别对应工况 V 与工况Ⅷ。

模型计算网格尺寸为 10 cm，计算喷溅次数 M =10，计算时间 T =25 s，计算步长 Δt=0.125 s；喷射粒径的随机分布参数 $\alpha = 20$、$\lambda = 0.05\overline{d}$、$\overline{d} = 5$ mm；喷射速度的随机分布参数 $\beta = 4$、$\lambda = 0.25\overline{u}$，喷射速度与喷射粒径的相关性特征参数 $a=1$、$b=140$；喷射角度的随机分布参数 $\varepsilon = 2$、$\lambda = \tan\overline{\theta}$；水平偏移角均方差 $\sigma = 15°$。

限于试验条件，无法获得完整的三维风场。计算中根据典型断面的实测风速，概化为高斯分布 $u = F(x)\exp(-\dfrac{y^2}{\sigma^2})$，其中 $\sigma = 0.56$ m，y 为横向坐标，x 为纵向距离，$F(x)$ 为中心线上实测平均风速，见图 9-13。

9.3.2 计算成果与试验结果对比

图 9-14~图 9-19 为随机模型计算成果与物理模型成果对比。结果分析表明：

（1）通过采用合理的水滴谱，随机溅水模型可以较好地模拟模型试验中的溅水现象。

（2）在计算中，对水滴粒径分布采用了窄谱 Γ 分布，若应用于实际工程的溅水计算，需要进一步地验证与调整。

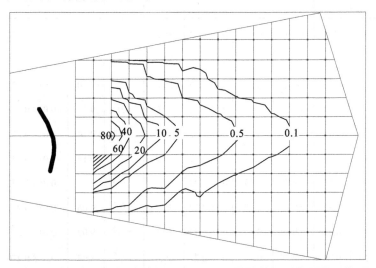

图 9-14 工况 V 下溅水区降雨强度平面分布试验结果 （单位：mm/h）

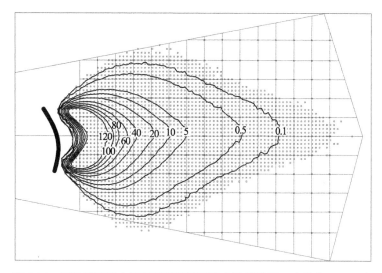

图 9-15　工况 V 下溅水区降雨强度平面分布计算结果　（单位：mm/h）

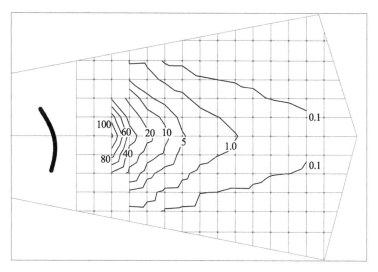

图 9-16　工况 Ⅷ 下溅水区降雨强度平面分布实验结果　（单位：mm/h）

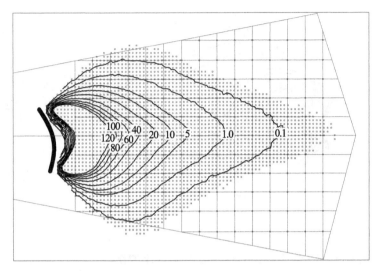

图 9-17 工况Ⅷ下溅水区降雨强度平面分布计算结果 （单位：mm/h）

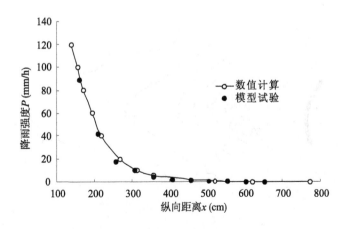

图 9-18 工况 Ⅴ下溅水区降雨强度纵向分布对比结果 （单位：mm/h）

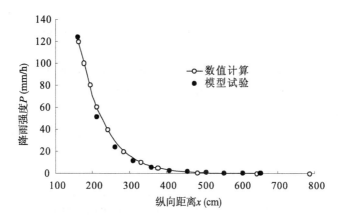

图 9-19   工况Ⅷ下溅水区降雨强度纵向分布对比结果   （单位：mm/h）

（3）计算中采用概化的高斯分布风场，其在横向分布上与实际风场不完全相符，计算结果略有偏差。在实际工程应用中，宜采用大型流体计算软件，求解三维风场，提高模拟精度。

（4）在水舌入水位置、外缘宽度、水舌风场不变的条件下，泄洪流量的增加对溅水近区有影响，对于中远区溅水形态与范围的影响则较小。

9.4 小 结

运用水工模型试验的方法，可进行不同体型与泄洪流量下的溅水降雨强度分布的实际测量。由于溅水水滴的入射方向随机变化，因此试验中采用了称重法，并且集雨方向应保持铅垂。试验结果表明，该方法真实可靠，且灵敏度较高，为今后相关的研究积累了经验与手段；在相同的泄洪流量下，平面扩散坎引起的溅水雾化在范围和强度上明显较大，表明泄水建筑物的型式对下游溅水分布有明显的影响；溅水强度的纵向分布规律符合 Γ 函数形式，其中形态系数 a 恒为 1，而峰值系数 C 和衰减系数 b 则主要与出口体型及测试平面高度有关。

试验结果与随机溅水模型计算结果较为吻合，后者得到了很好的验证。

参 考 文 献

[1] MELISSA ORME. Experiment on Droplet Collisions, Bounce, Coalescence and Disruption[J]. Progress in Energy and Combustion Science, 1997, 23.

[2] Tatiana Gambaryan-Roisman1, Olympia Kyriopoulos1, et al. Gravity effect on spray impact and spray cooling[J]. Microgravity-Science and Technology, 2007, 19(3).

[3] A Aroussi. The Interaction of Liquid Drops with a Rotating Gas Stream Within a Rapidly Revolving Annular Enclosure[J]. Journal of Engineering Science and Technology, 2006, 1(2).

[4] Andrew C Wright. A physically-based model of the dispersion of splash droplets ejected from a water drop impact[J]. Earth Surface Processes and Landforms, 2006, 11(4).

[5] ROISMAN Ilia V, GAMBARYAN-ROISMAN Tatiana, et al. Breakup and Atomization of a Stretching Crown[J]. Physical review. E, Statistical, nonlinear, and soft matter physics, 2007, 76(2).

[6] C JOSSERAND, L LEMOYNE, R TROEGER, et al. Droplet impact on a dry surface: triggering the splash with a small obstacle[J]. Journal of Fluid Mechanics, 2005, 52(4).

[7] Gary Dorr, Jim Hanan, et al. Spray Deposition on Plant Surfaces: A Modelling Approach[J]. Functional Plant Biology, 2008, 35(10).

[8] 段红东, 刘士和, 罗秋实, 等. 雾化水流溅水区降雨强度分布探讨[J]. 武汉大学学报: 工学版, 2005, 38(5).

[9] 刘士和, 曲波. 泄洪雾化溅水区长度深化研究[J]. 武汉大学学报: 工学版, 2003, 36(5).

[10] 姚克烨, 谢波, 曲景学. 泄洪雾化模型试验研究[J]. 四川水利, 2007, 28(3).

[11] 吴时强, 吴修锋, 周辉, 等. 底流消能方式水电站泄洪雾化模型试验研究[J]. 水科学进展, 2008, 19(1).

第10章 随机溅水模型的工程应用实例

运用随机溅水模型,对白鹤滩水电站泄洪建筑物下游雾化降雨分布进行计算分析[1]。本章对计算内容进行简要的介绍。

10.1 工程概况与计算条件

10.1.1 白鹤滩水电站工程概况

白鹤滩水电站位于金沙江下游,上接乌东德梯级,下邻溪洛渡梯级。电站装机容量 16 000 MW。电站挡水工程采用混凝土双曲拱坝,坝顶高程 834.0 m,坝顶弧长 703.9 m,最大坝高 289.0 m。泄洪建筑物由坝身 6 个表孔(14.0 m×15.0 m)、7 个深孔(5.5 m×8.0 m)、左岸 3 条无压泄洪直洞(15.0 m×9.5 m)组成。坝下设长约 400 m 水垫塘、二道坝消能,泄洪洞挑流消能。坝身最大泄流量约 30 000 m³/s,泄洪洞单洞泄流量约 4 000 m³/s。

10.1.2 泄洪工况与下游地形条件

表 10-1 中给出了枢纽泄洪 6 组典型工况下的泄洪雾化水力学条件。图 10-1 与图 10-2 为白鹤滩大坝及泄洪洞下游的地形条件以及雾化预报所需的离散点据平面分布。其中,坝身泄洪水舌落点与地形数据的坐标均以坝顶零点作为坐标原点;泄洪洞水舌与地形数据的坐标是以 2# 泄洪洞出口中心作为坐标原点。两者在高程上均以下游水位为零点。工况 I ~Ⅲ为坝身表、深孔联合泄洪,工况Ⅳ~Ⅵ分别为 6 个表孔、7 个深孔、3 条泄洪洞单独泄洪。

表 10-1　坝身泄洪雾化水力学条件

工况	说明	上游水位 (m)	下游水位 (m)	坝身泄量 (m³/s)	入水流速 (m/s)	入水角度 (°)	水舌挑距 (m)
I	校核洪水	832.34	627.41	30 102	50.07	63.30	145~196
II	设计洪水	827.83	623.45	24 367	49.93	61.68	145~209
III	消能洪水	825	619.82	21 103	49.82	60.38	145~214
IV	6个表孔泄洪	825	608.14	9 446	50.73	71.02	100~147
V	7个深孔泄洪	825	610.60	11 657	49.08	51.78	147~257
VI	3条泄洪洞泄洪	825	610.28	11 368	44.69	59.68	150~154

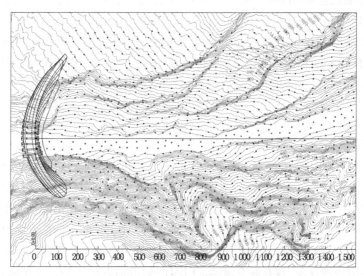

图 10-1　坝身泄洪雾化计算范围与地形离散点据分布

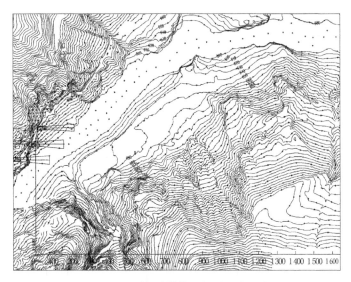

图 10-2　泄洪洞雾化计算范围与地形离散点据分布

10.2　雾化溅水入射条件

根据物理模型试验成果或水舌计算模型可以得到泄洪水舌的入水形态、入水速度、入水角度与挑射距离。各组工况下泄洪水舌入水形态与位置见图 10-3。其中,坝身泄洪水舌入水位置以坝顶零点为坐标原点,泄洪洞水舌的坐标零点为 2# 洞出口中心。6 组工况下的溅水模型计算条件见表 10-2~表 10-7。对于表中数据说明如下:

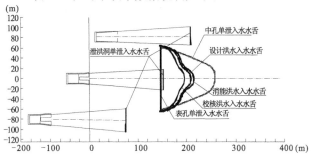

图 10-3　各组工况下泄洪水舌入水形态与位置

表 10-2　校核洪水工况下的溅水模型计算条件

序号	喷射线源位置 (m)				喷射厚度 (m)	入水角度 (°)	偏转角度 (°)	入水流速 (m/s)
	x_1	y_1	x_2	y_2				
1	145.0	65.0	150.8	63.3	0.28	59.6	0	50.1
2	150.8	63.3	157.3	60.6	0.28	59.9	0	50.1
3	157.3	60.6	163.8	56.5	0.28	60.3	0	50.1
4	163.8	56.5	170.2	48.8	0.28	60.5	0	50.1
5	170.2	48.8	175.4	40.0	0.28	61.0	0	50.1
6	175.4	40.0	178.9	30.5	0.28	61.5	0	50.1
7	178.9	30.5	183.7	22.2	0.28	62.0	0	50.1
8	183.7	22.2	189.0	16.7	0.28	62.5	0	50.1
9	189.0	16.7	194.4	9.6	0.28	63.0	0	50.1
10	194.4	9.6	196.0	0	0.28	63.5	0	50.1
11	196.0	0	194.5	− 10.4	0.28	63.5	0	50.1
12	194.5	− 10.4	189.2	− 17.2	0.28	63.0	0	50.1
13	189.2	− 17.2	185.6	− 23.1	0.28	62.5	0	50.1
14	185.6	− 23.1	181.9	− 31.4	0.28	62.0	0	50.1
15	181.9	− 31.4	178.3	− 40.8	0.28	61.5	0	50.1
16	178.3	− 40.8	173.2	− 49.5	0.28	61.0	0	50.1
17	173.2	− 49.5	165.9	− 55.8	0.28	60.5	0	50.1
18	165.9	− 55.8	156.7	− 61.7	0.28	60.3	0	50.1
19	156.7	− 61.7	149.6	− 64.4	0.28	59.9	0	50.1
20	149.6	− 64.4	145.0	− 65.0	0.28	59.6	0	50.1

表 10-3　设计洪水工况下的溅水模型计算条件

序号	喷射线源位置 (m)				喷射厚度 (m)	入水角度 (°)	偏转角度 (°)	入水流速 (m/s)
	x_1	y_1	x_2	y_2				
1	145.0	65.0	153.6	63.3	0.24	58.2	0	49.9
2	153.6	63.3	161.7	60.6	0.24	58.5	0	49.9
3	161.7	60.6	170.7	56.5	0.24	58.8	0	49.9
4	170.7	56.5	177.8	48.8	0.24	59.0	0	49.9
5	177.8	48.8	182.8	40.0	0.24	59.5	0	49.9
6	182.8	40.0	186.5	30.3	0.24	60.0	0	49.9
7	186.5	30.3	191.5	22.2	0.24	60.5	0	49.9
8	191.5	22.2	199.1	16.7	0.24	61.0	0	49.9
9	199.1	16.7	206.5	9.6	0.24	61.5	0	49.9
10	206.5	9.6	209.0	0	0.24	62.0	0	49.9
11	209.0	0	207.5	− 10.4	0.24	62.0	0	49.9
12	207.5	− 10.4	200.1	− 17.2	0.24	61.5	0	49.9
13	200.1	− 17.2	194.2	− 23.1	0.24	61.0	0	49.9
14	194.2	− 23.1	188.9	− 31.4	0.24	60.5	0	49.9
15	188.9	− 31.4	184.9	− 40.8	0.24	60.0	0	49.9
16	184.9	− 40.8	179.4	− 49.5	0.24	59.5	0	49.9
17	179.4	− 49.5	172.3	− 55.8	0.24	59.0	0	49.9
18	172.3	− 55.8	163.3	− 61.7	0.24	58.8	0	49.9
19	163.3	− 61.7	153.1	− 64.4	0.24	58.4	0	49.9
20	153.1	− 64.4	145.0	− 65.0	0.24	58.1	0	49.9

表 10-4　消能洪水工况下的溅水模型计算条件

序号	喷射线源位置 (m)				喷射 厚度 (m)	入水 角度 (°)	偏转 角度 (°)	入水 流速 (m/s)
	x_1	y_1	x_2	y_2				
1	145.0	64.0	155.2	62.5	0.22	56.6	0	49.8
2	155.2	62.5	165.0	59.8	0.22	56.9	0	49.8
3	165.0	59.8	174.3	55.6	0.22	57.3	0	49.8
4	174.3	55.6	181.9	48.8	0.22	57.5	0	49.8
5	181.9	48.8	186.9	40.0	0.22	58.0	0	49.8
6	186.9	40.0	190.2	30.3	0.22	58.5	0	49.8
7	190.2	30.3	196.4	22.2	0.22	59.0	0	49.8
8	196.4	22.2	205.0	16.7	0.22	59.5	0	49.8
9	205.0	16.7	212.4	9.6	0.22	60.0	0	49.8
10	212.4	9.6	214.9	0	0.22	60.5	0	49.8
11	214.9	0	213.4	−10.4	0.22	60.5	0	49.8
12	213.4	−10.4	206.0	−17.2	0.22	60.0	0	49.8
13	206.0	−17.2	197.7	−23.1	0.22	59.5	0	49.8
14	197.7	−23.1	191.6	−31.4	0.22	59.0	0	49.8
15	191.6	−31.4	187.7	−40.8	0.22	58.5	0	49.8
16	187.7	−40.8	182.4	−49.5	0.22	58.0	0	49.8
17	182.4	−49.5	174.4	−55.8	0.22	57.5	0	49.8
18	174.4	−55.8	165.1	−60.0	0.22	57.3	0	49.8
19	165.1	−60.0	155.2	−62.6	0.22	56.9	0	49.8
20	155.2	−62.6	145.0	−64.0	0.22	56.6	0	49.8

表 10-5　表孔单泄工况下的溅水模型计算条件

序号	喷射线源位置 (m)				喷射厚度 (m)	入水角度 (°)	偏转角度 (°)	入水流速 (m/s)
	x_1	y_1	x_2	y_2				
1	147.0	62.5	147.0	54.7	0.11	71.00	0	50.73
2	147.0	54.7	147.0	46.9	0.11	71.00	0	50.73
3	147.0	46.9	147.0	39.1	0.11	71.00	0	50.73
4	147.0	39.1	147.0	31.3	0.11	71.00	0	50.73
5	147.0	31.3	147.0	23.4	0.11	71.00	0	50.73
6	147.0	23.4	147.0	15.6	0.11	71.00	0	50.73
7	147.0	15.6	147.0	7.8	0.11	71.00	0	50.73
8	147.0	7.8	147.0	0	0.11	71.00	0	50.73
9	147.0	0	147.0	− 7.8	0.11	71.00	0	50.73
10	147.0	− 7.8	147.0	− 15.6	0.11	71.00	0	50.73
11	147.0	− 15.6	147.0	− 23.4	0.11	71.00	0	50.73
12	147.0	− 23.4	147.0	− 31.3	0.11	71.00	0	50.73
13	147.0	− 31.3	147.0	− 39.1	0.11	71.00	0	50.73
14	147.0	− 39.1	147.0	− 46.9	0.11	71.00	0	50.73
15	147.0	− 46.9	147.0	− 54.7	0.11	71.00	0	50.73
16	147.0	− 54.7	147.0	− 62.5	0.11	71.00	0	50.73

表 10-6 深孔单泄工况下的溅水模型计算条件

序号	喷射线源位置 (m)				喷射厚度 (m)	入水角度 (°)	偏转角度 (°)	入水流速 (m/s)
	x_1	y_1	x_2	y_2				
1	145.0	62.0	158.3	58.1	0.10	50.10	0	49.08
2	158.3	58.1	171.6	54.3	0.10	50.40	0	49.08
3	171.6	54.3	184.9	50.4	0.10	50.80	0	49.08
4	184.9	50.4	198.0	45.8	0.10	51.00	0	49.08
5	198.0	45.8	210.9	40.8	0.10	51.00	0	49.08
6	210.9	40.8	223.7	35.4	0.10	51.00	0	49.08
7	223.7	35.4	236.4	30.0	0.10	52.00	0	49.08
8	236.4	30.0	248.8	23.8	0.10	53.50	0	49.08
9	248.8	23.8	256.5	14.3	0.10	54.00	0	49.08
10	256.5	14.3	258.0	0	0.10	54.00	0	49.08
11	258.0	0	255.7	− 13.1	0.10	54.00	0	49.08
12	255.7	− 13.1	248.5	− 23.6	0.10	54.00	0	49.08
13	248.5	− 23.6	236.8	− 31.0	0.10	53.50	0	49.08
14	236.8	− 31.0	223.9	− 36.1	0.10	52.00	0	49.08
15	223.9	− 36.1	211.0	− 41.0	0.10	51.00	0	49.08
16	211.0	− 41.0	198.0	− 45.8	0.10	51.00	0	49.08
17	198.0	− 45.8	184.9	− 50.4	0.10	51.00	0	49.08
18	184.9	− 50.4	171.6	− 54.3	0.10	50.80	0	49.08
19	171.6	− 54.3	158.3	− 58.1	0.10	50.40	0	49.08
20	158.3	− 58.1	145.0	− 62.0	0.10	50.10	0	49.08

表 10-7 泄洪洞单泄工况下的溅水模型计算条件

序号	喷射线源位置 (m)				喷射厚度 (m)	入水角度 (°)	偏转角度 (°)	入水流速 (m/s)
	x_1	y_1	x_2	y_2				
1	207.7	102.2	207.8	98.6	0.17	59.86	3.97	44.56
2	207.8	98.6	207.8	95.1	0.17	59.86	3.25	44.56
3	207.8	95.1	207.9	91.5	0.17	59.86	2.54	44.56
4	207.9	91.5	207.9	87.9	0.17	59.86	1.82	44.56
5	207.9	87.9	208.0	84.3	0.17	59.86	1.10	44.56
6	208.0	84.3	208.0	80.7	0.17	59.86	0.38	44.56
7	208.0	80.7	208.0	77.1	0.17	59.86	− 0.34	44.56
8	208.0	77.1	208.1	73.6	0.17	59.86	− 1.06	44.56
9	208.1	73.6	208.1	70.0	0.17	59.86	− 1.77	44.56
10	208.1	70.0	207.2	66.4	0.17	59.86	− 2.49	44.56
11	152.0	22.2	152.0	17.8	0.16	59.71	4.06	44.69
12	152.0	17.8	152.0	13.3	0.16	59.71	3.16	44.69
13	152.0	13.3	152.0	8.9	0.16	59.71	2.26	44.69
14	152.0	8.9	152.0	4.4	0.16	59.71	1.35	44.69
15	152.0	4.4	152.0	0	0.16	59.71	0.45	44.69
16	152.0	0	152.0	− 4.4	0.16	59.71	− 0.45	44.69
17	152.0	− 4.4	152.0	− 8.9	0.16	59.71	− 1.35	44.69
18	152.0	− 8.9	152.0	− 13.3	0.16	59.71	− 2.26	44.69
19	152.0	− 13.3	152.0	− 17.8	0.16	59.71	− 3.16	44.69
20	152.0	− 17.8	152.0	− 22.2	0.16	59.71	− 4.06	44.69
21	75.3	− 60.2	75.2	− 64.7	0.15	59.49	3.31	44.81

序号	喷射线源位置 (m)				喷射 厚度 (m)	入水 角度 (°)	偏转 角度 (°)	入水 流速 (m/s)
	x_1	y_1	x_2	y_2				
22	75.2	− 64.7	75.1	− 69.2	0.15	59.49	2.41	44.81
23	75.1	− 69.2	75.1	− 73.7	0.15	59.49	1.51	44.81
24	75.1	− 73.7	75.0	− 78.1	0.15	59.49	0.60	44.81
25	75.0	− 78.1	75.0	− 82.6	0.15	59.49	− 0.30	44.81
26	75.0	− 82.6	74.9	− 87.1	0.15	59.49	− 1.20	44.81
27	74.9	− 87.1	74.8	− 91.5	0.15	59.49	− 2.10	44.81
28	74.8	− 91.5	74.8	− 96.0	0.15	59.49	− 3.01	44.81
29	74.8	− 96.0	74.7	− 100.5	0.15	59.49	− 3.91	44.81
30	74.7	− 100.5	74.7	− 105.0	0.15	59.49	− 4.81	44.81

（1）针对不同的水舌入水形态，将溅水前缘分成多段线源的组合，计算这些线源同时喷射所形成的雾化分布。

（2）对于任意一段喷射线源，水滴的初始位置在(x_1, y_1)~(x_2, y_2)之间随机变化，同时水滴的粒径、喷射速度与角度根据前述的概率密度函数随机取值。

10.3　泄洪雾化降雨计算成果

图 10-4~图 10-15 为各种泄洪工况下，地面附近雾化降雨区分布形态与降雨强度等值线图。计算结果表明：

（1）联合泄洪工况下，尽管各级泄洪流量相差较大，但在水舌入水流速、入水角度及入水形态方面基本接近，雾化规模与量级基本相当。其中，雨区横向宽度 580~620 m，两岸爬升高程 860~880 m，纵向边界位于坝下 1 100~1 200 m，核心区降雨强度 1 400~1 600 mm/h。

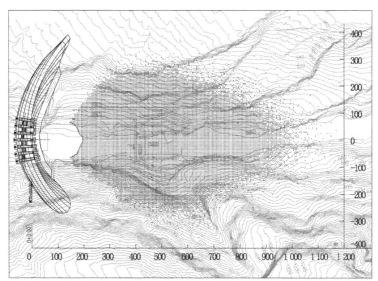

图 10-4　校核洪水工况下的地面雾化降雨区分布形态

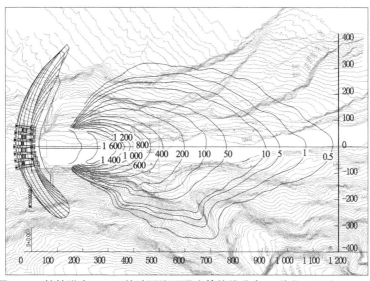

图 10-5　校核洪水工况下的地面降雨强度等值线分布 （单位：雨强，mm/h）

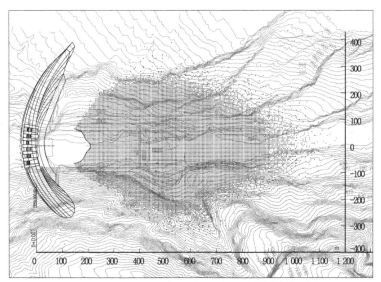

图 10-6　设计洪水工况下的地面雾化降雨区分布形态

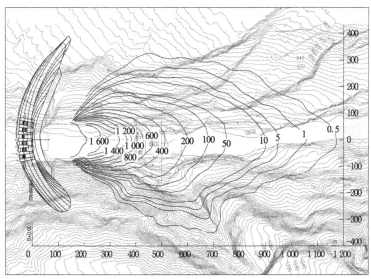

图 10-7　设计洪水工况下的地面降雨强度等值线分布　(单位：雨强，mm/h)

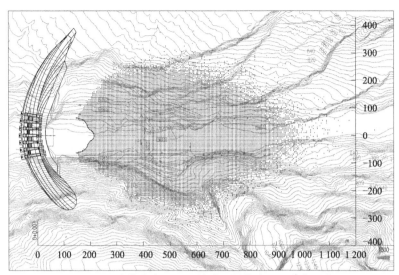

图 10-8 消能洪水工况下的地面雾化降雨区分布形态

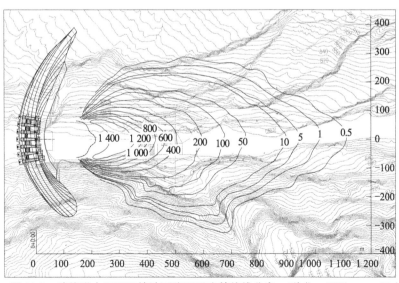

图 10-9 消能洪水工况下的地面降雨强度等值线分布 (单位: 雨强, mm/h)

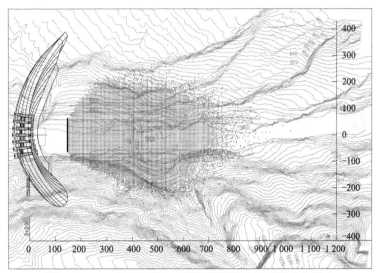

图 10-10　6表孔泄洪工况下的地面雾化降雨区分布形态

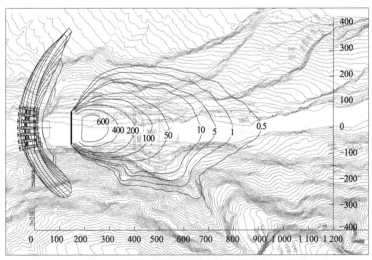

图 10-11　6表孔泄洪工况下的地面降雨强度等值线分布　(单位：雨强，mm/h)

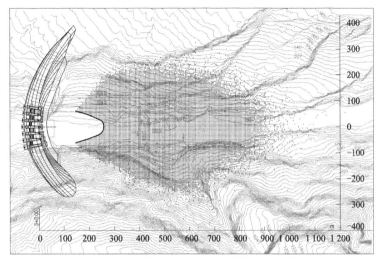

图 10-12　7 深孔泄洪工况下的地面雾化降雨区分布形态

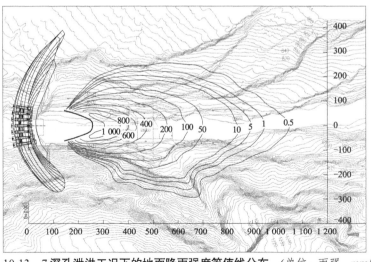

图 10-13　7 深孔泄洪工况下的地面降雨强度等值线分布　(单位：雨强，mm/h)

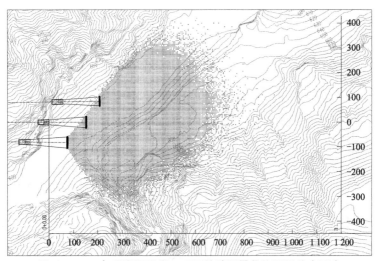

图 10-14　3 条泄洪洞泄洪工况下的地面雾化降雨区分布形态

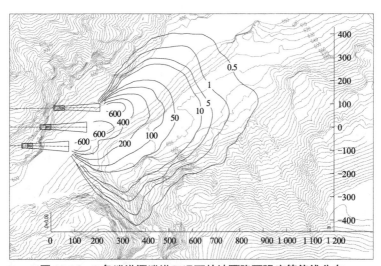

图 10-15　3 条泄洪洞泄洪工况下的地面降雨强度等值线分布

(单位：雨强，mm/h)

（2）6 表孔联合泄洪时，由于水舌入水较为集中，且入水角度较大，雾化规模相对较小，雨区宽度约 450 m，两岸爬升高程约 800 m，纵向边界位于坝下游 900 m，核心区降雨强度约 700 mm/h；当 7 深孔联合泄洪时，水舌入水前缘较长，且入水角度较小，雾化规模介于表孔单泄与消能洪水工况之间，雨区横向宽度约 500 m，爬升高程可达 830 m，纵向边界在坝下 1 000 m，核心区降雨强度达 1 000 mm/h。

（3）泄洪洞联合泄洪时，形成 3 个雨强中心，降雨强度约 600 mm/h，雾雨区主要位于对岸台地，雨区纵向长度约 800 m，雾雨爬升可达 750 m 高程，雨区沿河谷的横向宽度约 750 m。

10.4 小　结

运用随机喷溅数学模型，对于白鹤滩水电站坝身中表孔、泄洪洞单独泄洪及联合泄洪工况下，下游雾化降雨分布规律进行计算，给出了雨区分布形态与降雨强度等值线分布图。研究表明，随机溅水模型在雾化近区及中区降雨强度的计算方面有独特的优势，一方面可以较好地反映风场与地形对雾雨分布的影响；另一方面，由于其预测范围不受泄洪条件的制约，因此可作为神经网络模型的有益补充。该模型在 5 mm/h 以上雨区内的计算精度较高，可以满足实际工程雾化安全评估要求。

参 考 文 献

[1] 柳海涛，孙双科. 金沙江白鹤滩电站枢纽泄洪雾化数学模型研究[R]. 北京：中国水利水电科学研究院，2012.

第11章 雨雾输运与扩散的数学模型

在雾化溅雨区外围，风速场的影响已不容忽视，甚至开始占据主导作用。雾化研究对象转化为风场作用下的雨雾输运与沉降问题。目前，基于气象学理论的大尺度计算模型[1-3]，在浓度计算上限与分辨率上，无法完全满足水利工程实际的要求，因此需要开发更为合理的三维雨雾输运的数值计算模型，用于雾化中远区的雨雾分布研究。同时，通过建立雨雾浓度与降雨强度的转换关系，解决该模型与雾化近区数学模型——随机溅水模型与人工神经网络预报模型的边界衔接问题。

11.1 雨雾输运扩散的基本方程及定解条件

在泄洪过程中，雨雾区的含水浓度大大超过了大气运动的挟带能力，形成附加的降雨和雾流扩散。一般地，对泄洪形成的雨雾输运扩散过程可以作如下简化[4]：

（1）泄洪形成的雾流主要由液态水组成，可忽略气象条件对雨雾浓度的影响。

（2）由于雾化区域相对于大气环境来说，范围较小，故暂不考虑温度、密度的时空变化，同时忽略科氏力的影响。

（3）采用 Boussinesq 模式对气流、液态水的紊动扩散进行描述。

基于上述简化假定，可得到雾流输运的数学方程。

大气运动方程(包括由泄洪诱发的风场和自然风场)：

$$\frac{\partial u_i}{\partial t} + u_j \frac{\partial u_i}{\partial x_j} = -\frac{1}{\rho_a} \frac{\partial p}{\partial x_i} + \frac{\partial}{\partial x_j} \left(v_t \frac{\partial u_i}{\partial x_j} \right) \tag{11-1}$$

大气连续方程：

$$\frac{\partial u_j}{\partial x_j} = 0 \tag{11-2}$$

液态水含水浓度运动方程(水雾对流扩散方程)：

$$\frac{\partial C}{\partial t} + u_j \frac{\partial C}{\partial x_j} = \frac{\partial}{\partial x_j}\left(v_t \frac{\partial C}{\partial x_j} \right) + \omega \frac{\partial C}{\partial x_3} + kC \tag{11-3}$$

式中：u_j 为大气风速，m/s，$j = 1 \sim 3$；C 为含水浓度，g/m³；v_t 为大气紊动扩散系数，一般取 0.1~10 m²/s；ω 为雨滴沉降速度，m/s；k 为衰减系数，s⁻¹，若需考虑水汽相变对雾区的影响，则该系数不为零，故予以保留。

上述方程采用如下定解条件：

（1）流速条件。水舌表面为恒定流速边界，即有 $U_i(x, y, z, t)\big|_n = U_i(x, y, z, 0)$，$n$ 为水舌表面，i 为水舌表面节点编号。在初始时刻，求解域内流速为 0，即有 $U(x, y, z, 0) = 0$。

（2）浓度条件。对雾化源区可给定恒定的浓度值，故可以得到 $C_i(x, y, z, t)\big|_p = C_i(x, y, z, 0)$，$p$ 为浓度扩散源区，i 为源区节点编号，雾源区范围可由溅水模型等计算得到。在初始时刻，求解域内含水浓度为 0，即有 $C(x, y, z, 0) = 0$。

（3）出流边界与固壁边界。求解域的上、下游和顶部边界均为开边界，流动充分发展，流速的径向变化率为 0，即有 $\dfrac{\partial U}{\partial L}\bigg|_b = 0$，$L$ 为流速径向矢，b 为开边界；下垫面则采用滑动边界，即有 $U_n\big|_w = 0$，n 为边界法向矢，w 为固壁边界；由于降雨入渗，浓度在流出上述边界时均不予限制。

作为简化，计算中将风场与浓度场进行外部耦合。其中，风场可直接采用大型流体力学软件 Fluent 求解；而对于强对流条件下的雨雾输运与沉降，应着重考虑浓度与降雨强度间的实时转换，保证含水浓度的非负性与时间单调性，开发专门的计算模型。

11.2 水雾对流扩散方程的数值方法

11.2.1 水雾对流扩散方程的离散

为适应复杂地形与浓度分布，计算采用非结构化网格，同时为避免不同单元间计算通量的偏斜误差，采用有限元方法对水雾扩散方程进行离散。为此，将式(11-3)改写为

$$\frac{\partial C}{\partial t} = F(t, C) = -\left[u\frac{\partial C}{\partial x} + v\frac{\partial C}{\partial y} + (w-\omega)\frac{\partial C}{\partial z}\right] + \varepsilon\left[\frac{\partial^2 C}{\partial x^2} + \frac{\partial^2 C}{\partial y^2} + \frac{\partial^2 C}{\partial z^2}\right] - kC \quad (11\text{-}4)$$

式（11-4）中的右端项依次为对流项、扩散项与衰减项。

因此，对于整个计算域 Ω，有下式成立：

$$\int_{\Omega} \boldsymbol{\Phi}^{\mathrm{T}} \boldsymbol{\Phi} \frac{\partial \boldsymbol{C}}{\partial t} \mathrm{d}V = \int_{\Omega} \boldsymbol{\Phi}^{\mathrm{T}} F(t, \ \boldsymbol{C}) \mathrm{d}V \quad (11\text{-}5)$$

式中：$\boldsymbol{\Phi}$ 为权函数。

将式(11-5)展开为 Galerkin 弱解积分表达式，则对于每一个单元 e，有下式成立：

$$\begin{aligned}
\int_e \boldsymbol{\Phi}^{\mathrm{T}} \boldsymbol{\Phi} \frac{\partial \boldsymbol{C}}{\partial t} \mathrm{d}V = &-\int_e \left\{ \boldsymbol{\Phi}^{\mathrm{T}} \boldsymbol{\Phi} \boldsymbol{u} \boldsymbol{\Phi} \frac{\partial \boldsymbol{C}}{\partial x} + \boldsymbol{\Phi}^{\mathrm{T}} \boldsymbol{\Phi} \boldsymbol{v} \boldsymbol{\Phi} \frac{\partial \boldsymbol{C}}{\partial y} + \boldsymbol{\Phi}^{\mathrm{T}} \boldsymbol{\Phi} [\boldsymbol{w} - \omega] \boldsymbol{\Phi} \frac{\partial \boldsymbol{C}}{\partial z} \right\} \mathrm{d}V - \\
&\varepsilon \int_e \left\{ \frac{\partial \boldsymbol{\Phi}^{\mathrm{T}}}{\partial x} \boldsymbol{\Phi} \frac{\partial \boldsymbol{C}}{\partial x} + \frac{\partial \boldsymbol{\Phi}^{\mathrm{T}}}{\partial y} \boldsymbol{\Phi} \frac{\partial \boldsymbol{C}}{\partial y} + \frac{\partial \boldsymbol{\Phi}^{\mathrm{T}}}{\partial z} \boldsymbol{\Phi} \frac{\partial \boldsymbol{C}}{\partial z} \right\} \mathrm{d}V + \\
&\varepsilon \int_s \left\{ \boldsymbol{\Phi}^{\mathrm{T}} \boldsymbol{\Phi} \frac{\partial \boldsymbol{C}}{\partial x} \cos\theta_x + \boldsymbol{\Phi}^{\mathrm{T}} \boldsymbol{\Phi} \frac{\partial \boldsymbol{C}}{\partial y} \cos\theta_y + \boldsymbol{\Phi}^{\mathrm{T}} \boldsymbol{\Phi} \frac{\partial \boldsymbol{C}}{\partial z} \cos\theta_z \right\} \mathrm{d}S - \\
&\int_e \boldsymbol{\Phi}^{\mathrm{T}} \boldsymbol{\Phi} k \boldsymbol{\Phi} \boldsymbol{C} \mathrm{d}V
\end{aligned}$$

$$(11\text{-}6)$$

式中：积分下标 S 表示四面体单元 e 的外边界，$S = S_1 + S_2 + S_3 + S_4$；$\cos\theta_x$、$\cos\theta_y$、$\cos\theta_z$ 表示单元表面外法向与 x 轴、y 轴、z 轴的夹角；插值函数 $\boldsymbol{\Phi} = [\varepsilon, \ \eta, \ \xi, \ \gamma]$，浓度向量 $\boldsymbol{C} = [C_1, \ C_2, \ C_3, \ C_4]$；$\boldsymbol{u}$、$\boldsymbol{v}$、$\boldsymbol{w}$ 与 ω 为速度向量，如 $\boldsymbol{u} = [u_1, \ u_2, \ u_3, \ u_4]$，下标代表单元 4 个节点的序号。

式（11-6）可以表示为

$$A\frac{\partial \boldsymbol{C}}{\partial t} = (\boldsymbol{B}_x + \boldsymbol{C}_x + \boldsymbol{D}_x)\frac{\partial \boldsymbol{C}}{\partial x} + (\boldsymbol{B}_y + \boldsymbol{C}_y + \boldsymbol{D}_y)\frac{\partial \boldsymbol{C}}{\partial y} + (\boldsymbol{B}_z + \boldsymbol{C}_z + \boldsymbol{D}_z)\frac{\partial \boldsymbol{C}}{\partial z} + \boldsymbol{E}_k \boldsymbol{C} \quad (11\text{-}7)$$

式（11-7）各项自左向右分别为时间导数项、对流项、单元内部耗散项、表面扩散项及衰减项的系数矩阵。除衰减项外，方程中未知函数

均为浓度的时间导数与空间导数。

单元内未知函数采用一阶插值近似，并采用等参单元，即权函数与插值函数相同。这样，可直接导出式(11-7)中各项系数的表达式，具体形式如下。

（1）系数 A：

$$A = \int_e \boldsymbol{\Phi}^T \boldsymbol{\Phi} dV = V \begin{bmatrix} 1/10 & 1/20 & 1/20 & 1/20 \\ 1/20 & 1/10 & 1/20 & 1/20 \\ 1/20 & 1/20 & 1/10 & 1/20 \\ 1/20 & 1/20 & 1/20 & 1/10 \end{bmatrix}, V = \frac{1}{6} \begin{vmatrix} x_2 - x_1 & y_2 - y_1 & z_2 - z_1 \\ x_3 - x_1 & y_3 - y_1 & z_3 - z_1 \\ x_4 - x_1 & y_4 - y_1 & z_4 - z_1 \end{vmatrix} \quad (11\text{-}8)$$

式中：V 的绝对值等于单元 e 的体积，x_i、y_i 与 z_i 为单元节点的坐标，$i=1$，2，3，4。

（2）系数 $\boldsymbol{B}_x$、$\boldsymbol{B}_y$ 与 $\boldsymbol{B}_z$：

$$\boldsymbol{B}_x = -\int_e \boldsymbol{\Phi}^T \boldsymbol{\Phi} \boldsymbol{u} \boldsymbol{\Phi} dV =$$

$$-V \begin{bmatrix} \dfrac{3u_1 + u_2 + u_3 + u_4}{60} & \dfrac{2u_1 + 2u_2 + u_3 + u_4}{120} & \dfrac{2u_1 + u_2 + 2u_3 + u_4}{120} & \dfrac{2u_1 + u_2 + u_3 + 2u_4}{120} \\ \dfrac{2u_1 + 2u_2 + u_3 + u_4}{120} & \dfrac{u_1 + 3u_2 + u_3 + u_4}{60} & \dfrac{u_1 + 2u_2 + 2u_3 + u_4}{120} & \dfrac{u_1 + 2u_2 + u_3 + 2u_4}{120} \\ \dfrac{2u_1 + u_2 + 2u_3 + u_4}{120} & \dfrac{u_1 + 2u_2 + 2u_3 + u_4}{120} & \dfrac{u_1 + u_2 + 3u_3 + u_4}{60} & \dfrac{u_1 + u_2 + 2u_3 + 2u_4}{120} \\ \dfrac{2u_1 + u_2 + u_3 + 2u_4}{120} & \dfrac{u_1 + 2u_2 + u_3 + 2u_4}{120} & \dfrac{u_1 + u_2 + 2u_3 + 2u_4}{120} & \dfrac{u_1 + u_2 + u_3 + 3u_4}{60} \end{bmatrix}$$

$$(11\text{-}9)$$

同样地，将 y 方向与 z 方向流 $\boldsymbol{v}$、$\boldsymbol{w} - \boldsymbol{\omega}$ 代替上式中的 $\boldsymbol{u}$，可以得到 $\boldsymbol{B}_y$ 与 $\boldsymbol{B}_z$ 的表达式，V 的定义同式(11-8)。

（3）系数 $\boldsymbol{C}_x$、$\boldsymbol{C}_y$ 与 $\boldsymbol{C}_z$：

$$\boldsymbol{C}_x = -\varepsilon \int_e \frac{\partial \boldsymbol{\Phi}^T}{\partial x} \boldsymbol{\Phi} dV = -\varepsilon \frac{V}{4} \begin{bmatrix} \partial \varepsilon / \partial x & \partial \varepsilon / \partial x & \partial \varepsilon / \partial x & \partial \varepsilon / \partial x \\ \partial \eta / \partial x & \partial \eta / \partial x & \partial \eta / \partial x & \partial \eta / \partial x \\ \partial \xi / \partial x & \partial \xi / \partial x & \partial \xi / \partial x & \partial \xi / \partial x \\ \partial \gamma / \partial x & \partial \gamma / \partial x & \partial \gamma / \partial x & \partial \gamma / \partial x \end{bmatrix} \quad (11\text{-}10)$$

$$\boldsymbol{C}_y = -\varepsilon \int_e \frac{\partial \boldsymbol{\Phi}^T}{\partial y} \boldsymbol{\Phi} dV = -\varepsilon \frac{V}{4} \begin{bmatrix} \partial \varepsilon / \partial y & \partial \varepsilon / \partial y & \partial \varepsilon / \partial y & \partial \varepsilon / \partial y \\ \partial \eta / \partial y & \partial \eta / \partial y & \partial \eta / \partial y & \partial \eta / \partial y \\ \partial \xi / \partial y & \partial \xi / \partial y & \partial \xi / \partial y & \partial \xi / \partial y \\ \partial \gamma / \partial y & \partial \gamma / \partial y & \partial \gamma / \partial y & \partial \gamma / \partial y \end{bmatrix} \quad (11\text{-}11)$$

$$C_z = -\varepsilon \int_e \frac{\partial \boldsymbol{\Phi}^{\mathrm{T}}}{\partial z} \boldsymbol{\Phi} \mathrm{d}V = -\varepsilon \frac{V}{4} \begin{bmatrix} \partial\varepsilon/\partial z & \partial\varepsilon/\partial z & \partial\varepsilon/\partial z & \partial\varepsilon/\partial z \\ \partial\eta/\partial z & \partial\eta/\partial z & \partial\eta/\partial z & \partial\eta/\partial z \\ \partial\xi/\partial z & \partial\xi/\partial z & \partial\xi/\partial z & \partial\xi/\partial z \\ \partial\gamma/\partial z & \partial\gamma/\partial z & \partial\gamma/\partial z & \partial\gamma/\partial z \end{bmatrix} \tag{11-12}$$

其中，V 为四面体单元的体积，$V \geqslant 0$。式（11-10）~式（11-12）右端项为插值函数的偏导数，其表达式如下：

$$\left.\begin{aligned}
\frac{\partial \varepsilon}{\partial x} &= \left[y_2 z_4 + y_3 z_2 + y_4 z_3 - y_4 z_2 - y_2 z_3 - y_3 z_4 \right] / V_\varepsilon \\
\frac{\partial \varepsilon}{\partial y} &= \left[z_2 x_4 + z_3 x_2 + z_4 x_3 - z_4 x_2 - z_2 x_3 - z_3 x_4 \right] / V_\varepsilon \\
\frac{\partial \varepsilon}{\partial z} &= \left[x_2 y_4 + x_3 y_2 + x_4 y_3 - x_4 y_2 - x_2 y_3 - x_3 y_4 \right] / V_\varepsilon
\end{aligned}\right\}, \quad
V_\varepsilon = \begin{vmatrix} x_2-x_1 & y_2-y_1 & z_2-z_1 \\ x_3-x_1 & y_3-y_1 & z_3-z_1 \\ x_4-x_1 & y_4-y_1 & z_4-z_1 \end{vmatrix}$$

$$\left.\begin{aligned}
\frac{\partial \eta}{\partial x} &= \left[y_1 z_4 + y_3 z_1 + y_4 z_3 - y_4 z_1 - y_1 z_3 - y_3 z_4 \right] / V_\eta \\
\frac{\partial \eta}{\partial y} &= \left[z_1 x_4 + z_3 x_1 + z_4 x_3 - z_4 x_1 - z_1 x_3 - z_3 x_4 \right] / V_\eta \\
\frac{\partial \eta}{\partial z} &= \left[x_1 y_4 + x_3 y_1 + x_4 y_3 - x_4 y_1 - x_1 y_3 - x_3 y_4 \right] / V_\eta
\end{aligned}\right\}, \quad
V_\eta = \begin{vmatrix} x_1-x_2 & y_1-y_2 & z_1-z_2 \\ x_3-x_2 & y_3-y_2 & z_3-z_2 \\ x_4-x_2 & y_4-y_2 & z_4-z_2 \end{vmatrix}$$

$$\left.\begin{aligned}
\frac{\partial \xi}{\partial x} &= \left[y_1 z_4 + y_2 z_1 + y_4 z_2 - y_4 z_1 - y_1 z_2 - y_2 z_4 \right] / V_\xi \\
\frac{\partial \xi}{\partial y} &= \left[z_1 x_4 + z_2 x_1 + z_4 x_2 - z_4 x_1 - z_1 x_2 - z_2 x_4 \right] / V_\xi \\
\frac{\partial \xi}{\partial z} &= \left[x_1 y_4 + x_2 y_1 + x_4 y_2 - x_4 y_1 - x_1 y_2 - x_2 y_4 \right] / V_\xi
\end{aligned}\right\}, \quad
V_\xi = \begin{vmatrix} x_1-x_3 & y_1-y_3 & z_1-z_3 \\ x_2-x_3 & y_2-y_3 & z_2-z_3 \\ x_4-x_3 & y_4-y_3 & z_4-z_3 \end{vmatrix}$$

$$\left.\begin{aligned}
\frac{\partial \gamma}{\partial x} &= \left[y_1 z_3 + y_2 z_1 + y_3 z_2 - y_3 z_1 - y_1 z_2 - y_2 z_3 \right] / V_\gamma \\
\frac{\partial \gamma}{\partial y} &= \left[z_1 x_3 + z_2 x_1 + z_3 x_2 - z_3 x_1 - z_1 x_2 - z_2 x_3 \right] / V_\gamma \\
\frac{\partial \gamma}{\partial z} &= \left[x_1 y_3 + x_2 y_1 + x_3 y_2 - x_3 y_1 - x_1 y_2 - x_2 y_3 \right] / V_\gamma
\end{aligned}\right\}, \quad
V_\gamma = \begin{vmatrix} x_1-x_4 & y_1-y_4 & z_1-z_4 \\ x_2-x_4 & y_2-y_4 & z_2-z_4 \\ x_3-x_4 & y_3-y_4 & z_3-z_4 \end{vmatrix}$$

（4）系数 $\boldsymbol{D}_x$、$\boldsymbol{D}_y$ 与 $\boldsymbol{D}_z$：

$$D_x = \varepsilon \int_S \boldsymbol{\Phi}^{\mathrm{T}} \boldsymbol{\Phi} \cos\theta_x \mathrm{d}s = \varepsilon \int_{S_1} \begin{bmatrix} 0 & 0 & 0 & 0 \\ 0 & \eta^2 & \eta\xi & \eta\gamma \\ 0 & \xi\eta & \xi^2 & \xi\gamma \\ 0 & \gamma\eta & \gamma\xi & \gamma^2 \end{bmatrix} \cos\theta_x \mathrm{d}s + \varepsilon \int_{S_2} \begin{bmatrix} \varepsilon^2 & 0 & \varepsilon\xi & \varepsilon\gamma \\ 0 & 0 & 0 & 0 \\ \xi\varepsilon & 0 & \xi^2 & \xi\gamma \\ \gamma\varepsilon & 0 & \gamma\xi & \gamma^2 \end{bmatrix} \cos\theta_x \mathrm{d}s +$$

$$\varepsilon \int_{S_3} \begin{bmatrix} \varepsilon^2 & \varepsilon\eta & 0 & \varepsilon\gamma \\ \eta\varepsilon & \eta^2 & 0 & \eta\gamma \\ 0 & 0 & 0 & 0 \\ \gamma\varepsilon & \gamma\eta & 0 & \gamma^2 \end{bmatrix} \cos\theta_x \mathrm{d}s + \varepsilon \int_{S_4} \begin{bmatrix} \varepsilon^2 & \varepsilon\eta & \varepsilon\xi & 0 \\ \eta\varepsilon & \eta^2 & \eta\xi & 0 \\ \xi\varepsilon & \xi\eta & \xi^2 & 0 \\ 0 & 0 & 0 & 0 \end{bmatrix} \cos\theta_x \mathrm{d}s$$

$$= \varepsilon \begin{bmatrix} 0 & 0 & 0 & 0 \\ 0 & 1/6 & 1/12 & 1/12 \\ 0 & 1/12 & 1/6 & 1/12 \\ 0 & 1/12 & 1/12 & 1/6 \end{bmatrix} A_1^x + \varepsilon \begin{bmatrix} 1/6 & 0 & 1/12 & 1/12 \\ 0 & 0 & 0 & 0 \\ 1/12 & 0 & 1/6 & 1/12 \\ 1/12 & 0 & 1/12 & 1/6 \end{bmatrix} A_2^x + \varepsilon \begin{bmatrix} 1/6 & 1/12 & 0 & 1/12 \\ 1/12 & 1/6 & 0 & 1/12 \\ 0 & 0 & 0 & 0 \\ 1/12 & 1/12 & 0 & 1/6 \end{bmatrix} A_3^x +$$

$$\varepsilon \begin{bmatrix} 1/6 & 1/12 & 1/12 & 0 \\ 1/12 & 1/6 & 1/12 & 0 \\ 1/12 & 1/12 & 1/6 & 0 \\ 0 & 0 & 0 & 0 \end{bmatrix} A_4^x$$

$$= \varepsilon \begin{bmatrix} (A_2^x + A_3^x + A_4^x)/6 & (A_3^x + A_4^x)/12 & (A_2^x + A_4^x)/12 & (A_2^x + A_3^x)/12 \\ (A_3^x + A_4^x)/12 & (A_1^x + A_3^x + A_4^x)/6 & (A_1^x + A_4^x)/12 & (A_1^x + A_3^x)/12 \\ (A_2^x + A_4^x)/12 & (A_1^x + A_4^x)/12 & (A_1^x + A_2^x + A_4^x)/6 & (A_1^x + A_2^x)/12 \\ (A_2^x + A_3^x)/12 & (A_1^x + A_3^x)/12 & (A_1^x + A_2^x)/12 & (A_1^x + A_2^x + A_3^x)/6 \end{bmatrix}$$

$$\tag{11-13}$$

式中：A_1^x、A_2^x、A_3^x、A_4^x 以及后面的 A_1^y、A_2^y、A_3^y、A_4^y 与 A_1^z、A_2^z、A_3^z、A_4^z 表示单元表面 S_1、S_2、S_3、S_4 的外法向面积矢的三轴分量。值及其符号采用下面的方法确定：

对于计算域中任一单元 e，见图 11-1，表面 S_1（即节点 1 正对的表面，由 2、3、4 节点构成）的面积矢为 $\vec{S}_1 = \dfrac{1}{2}(\vec{L}_{23} \times \vec{L}_{24})$，将该式展开得到

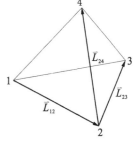

图 11-1　四面体单元示意图

$$\vec{S}_1 = \frac{1}{2}\begin{vmatrix} i & j & k \\ x_3-x_2 & y_3-y_2 & z_3-z_2 \\ x_4-x_2 & y_4-y_2 & z_4-z_2 \end{vmatrix}$$

$$= \frac{1}{2}\begin{vmatrix} y_3-y_2 & z_3-z_2 \\ y_4-y_2 & z_4-z_2 \end{vmatrix}\vec{i} + \frac{1}{2}\begin{vmatrix} x_3-x_2 & z_3-z_2 \\ x_4-x_2 & z_4-z_2 \end{vmatrix}\vec{j} + \frac{1}{2}\begin{vmatrix} x_3-x_2 & y_3-y_2 \\ x_4-x_2 & y_4-y_2 \end{vmatrix}\vec{k}$$

$$= A_1^x\vec{i} + A_1^y\vec{j} + A_1^z\vec{k}$$

由于单元节点编号的随意性，$\vec{S}_1$ 的方向既可能为外法向，也可能为内法向。因此，采用如下判别方法：

从节点 1 到节点 2 的方向矢为：

$$\vec{L}_{12} = (x_2-x_1)\vec{i} + (y_2-y_1)\vec{j} + (z_2-z_1)\vec{k}$$

当 $\vec{S}_1 \cdot \vec{L}_{12} = \frac{1}{2}\vec{L}_{12} \cdot (\vec{L}_{23} \times \vec{L}_{24}) > 0$ 时，则 $\vec{S}_1$ 本身为外法向。否则，$A_1^x = -A_1^x$，$A_1^y = -A_1^y$，$A_1^z = -A_1^z$。

依次类推，可以分别得到其他三个表面的外法向面积矢 $\vec{S}_2$、$\vec{S}_3$、$\vec{S}_4$ 的表达式。

同理，可以求得 $\boldsymbol{D}_y$ 与 $\boldsymbol{D}_z$ 的表达式：

$$\boldsymbol{D}_y = \varepsilon \begin{bmatrix} (A_2^y+A_3^y+A_4^y)/6 & (A_3^y+A_4^y)/12 & (A_2^y+A_4^y)/12 & (A_2^y+A_3^y)/12 \\ (A_3^y+A_4^y)/12 & (A_1^y+A_3^y+A_4^y)/6 & (A_1^y+A_4^y)/12 & (A_1^y+A_3^y)/12 \\ (A_2^y+A_4^y)/12 & (A_1^y+A_4^y)/12 & (A_1^y+A_2^y+A_4^y)/6 & (A_1^y+A_2^y)/12 \\ (A_2^y+A_3^y)/12 & (A_1^y+A_3^y)/12 & (A_1^y+A_2^y)/12 & (A_1^y+A_2^y+A_3^y)/6 \end{bmatrix}$$

$$(11\text{-}14)$$

$$\boldsymbol{D}_z = \varepsilon \begin{bmatrix} (A_2^z+A_3^z+A_4^z)/6 & (A_3^z+A_4^z)/12 & (A_2^z+A_4^z)/12 & (A_2^z+A_3^z)/12 \\ (A_3^z+A_4^z)/12 & (A_1^z+A_3^z+A_4^z)/6 & (A_1^z+A_4^z)/12 & (A_1^z+A_3^z)/12 \\ (A_2^z+A_4^z)/12 & (A_1^z+A_4^z)/12 & (A_1^z+A_2^z+A_4^z)/6 & (A_1^z+A_2^z)/12 \\ (A_2^z+A_3^z)/12 & (A_1^z+A_3^z)/12 & (A_1^z+A_2^z)/12 & (A_1^z+A_2^z+A_3^z)/6 \end{bmatrix}$$

$$(11\text{-}15)$$

（5）系数 $\boldsymbol{E}_k$：

式(11-4)中衰减项的浓度衰减系数 k，考虑到在不同的区域，其值并非常数(或为浓度的函数)，故对单元内浓度采用线性插值函数，并令 $\boldsymbol{k} = [k_1, k_2, k_3, k_4]$，则有

$$E_k = -\int_e \boldsymbol{\varPhi}^T \boldsymbol{\varPhi} k \boldsymbol{\varPhi} \mathrm{d}V$$

$$= -V \begin{bmatrix} \dfrac{3k_1+k_2+k_3+k_4}{60} & \dfrac{2k_1+2k_2+k_3+k_4}{120} & \dfrac{2k_1+k_2+2k_3+k_4}{120} & \dfrac{2k_1+k_2+k_3+2k_4}{120} \\[2mm] \dfrac{2k_1+2k_2+k_3+k_4}{120} & \dfrac{k_1+3k_2+k_3+k_4}{60} & \dfrac{k_1+2k_2+2k_3+k_4}{120} & \dfrac{k_1+2k_2+k_3+2k_4}{120} \\[2mm] \dfrac{2k_1+k_2+2k_3+k_4}{120} & \dfrac{k_1+2k_2+2k_3+k_4}{120} & \dfrac{k_1+k_2+3k_3+k_4}{60} & \dfrac{k_1+k_2+2k_3+2k_4}{120} \\[2mm] \dfrac{2k_1+k_2+k_3+2k_4}{120} & \dfrac{k_1+2k_2+k_3+2k_4}{120} & \dfrac{k_1+k_2+2k_3+2k_4}{120} & \dfrac{k_1+k_2+k_3+3k_4}{60} \end{bmatrix}$$

$$\tag{11-16}$$

11.2.2 总体系数矩阵的构建与浓度梯度的计算方法

对于每个单元，均可求出上述系数矩阵，然后依据连缀表，将上述系数矩阵的各个元素组合在一起，形成总体系数矩阵。对于计算域中任一节点 I_0，相邻的节点为 I_1，I_2，$\cdots$，I_n，则根据通常的带宽存储方法，其半带宽 d_h 为

$$d_h = \max\{\mathrm{abs}(I_0 - I_1),\ \mathrm{abs}(I_0 - I_2),\ \cdots,\ \mathrm{abs}(I_0 - I_n)\} + 1 \geqslant n \tag{11-17}$$

对于三维空间的有限元计算，系数矩阵的存储将占用巨大的内存空间，为了进一步压缩存储量，同时便于隐式求解，计算模型采用如下存储方法：

首先，扫描所有节点的相邻单元与节点，确定最大存储带宽为 $d = \max\{N_1, N_2, \cdots, N_i \cdots, N_n\} + 1$，$N_i$ 为节点 i 的相邻节点数，n 为节点总数，由此定义三个指针数组：$NOP(NE,\ 4)$、$NOP(NP,\ d)$ 与 $NEP(NP,\ 4)$。以图 11-2 所示的平面三角形网格为例，对于节点 4，上述数组分别满足 $NOP(35,\ 3) = 4$，$NDP(4,\ 1) = 2$，$\cdots$，$NDP(4,\ 5) = 24$，$NEP(4,\ 1) = 11$，$\cdots$，$NEP(4,\ 5) = 23$。该指针可推广至四面体网格。

然后，根据上述指针数组，将单元系数矩阵的各元素合并到总体系数矩阵中。如图 11-3 所示，左端矩阵为按照常规存储方法得到的总体系数矩阵，右端为采用指针数组后的系数存储矩阵。以节点 4 为例，作为约定，对角线元素 $a_{4,4}$ 的存储位置为[4, 0]，节点 2 为其第 1 个相邻节点，故元素 $a_{4,2}$ 在右端矩阵中的存储位置为[4, 1]，节点 3 为其第 2 个相邻节点，故元素 $a_{4,3}$ 的存储位置为[4, 2]，依次类推，元素 $a_{4,24}$ 的

存储位置为[4，5]。

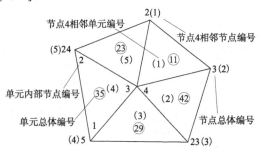

图 11-2　单元与节点编号示意图

$$\begin{bmatrix} a_{1,1} & a_{1,2} & \cdots & a_{1,24} & \cdots & a_{1,n} \\ a_{2,1} & a_{2,2} & \cdots & a_{2,24} & \cdots & a_{2,n} \\ a_{3,1} & a_{3,2} & \cdots & a_{3,24} & \cdots & a_{3,n} \\ a_{4,1} & a_{4,2} & \cdots & a_{4,24} & \cdots & a_{4,n} \\ \vdots & \vdots & & \vdots & & \vdots \\ a_{n,1} & a_{n,2} & \cdots & a_{n,24} & \cdots & a_{n,n} \end{bmatrix} \Rightarrow \begin{bmatrix} a_{1,1} & a_{1,2} & \cdots & a_{1,24} & \cdots & a_{1,d} \\ a_{2,1} & a_{2,2} & \cdots & a_{2,24} & \cdots & a_{2,d} \\ a_{3,1} & a_{3,2} & \cdots & a_{3,24} & \cdots & a_{3,n} \\ a_{4,1} & a_{4,2} & \cdots & a_{4,24} & \cdots & a_{4,d} \\ \vdots & \vdots & & \vdots & & \vdots \\ a_{n,1} & a_{n,2} & \cdots & a_{n,24} & \cdots & a_{n,d} \end{bmatrix}$$

$n \times n$ 阶矩阵　　　　　　　　$n \times d$ 阶矩阵

图 11-3　总体系数矩阵元素的存储位置示意图

按照上述方法，系数矩阵的存储带宽仅与单元剖分结构有关，而与单元节点的编号顺序无关。由此可得到计算域的总体矩阵方程：

$$A\frac{\partial C}{\partial t} = B_x\frac{\partial C}{\partial x} + B_y\frac{\partial C}{\partial y} + B_z\frac{\partial C}{\partial z} + \left[C_x + D_x\right]\frac{\partial C}{\partial x} +$$
$$\left[C_y + D_y\right]\frac{\partial C}{\partial y} + \left[C_z + D_z\right]\frac{\partial C}{\partial z} + E_k C \tag{11-18}$$

与式(11-7)不同，上式中系数矩阵均化为 $NP \times d$ 阶矩阵，各未知变量为 NP 阶向量。

在离散方程中，对流项与扩散项的未知变量为节点的浓度梯度。一般地，该值可取相邻单元浓度梯度的平均值，但当流场的局部变化较为剧烈时，计算过程中浓度变化的时间单调性将无法保证，甚至会

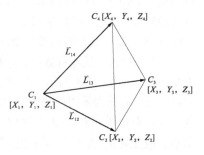

图 11-3　单元节点的坐标与浓度值

出现负值。为此，对流项中的浓度梯度矢应根据节点的流速方向进行取值，而不是所有相邻单元值的叠加。上述方法的基本原理如下：

（1）根据上一时刻四面体单元 4 个节点的浓度，可求出所有计算单元内的空间浓度梯度矢。例如，对于图 11-3 所示的线性四面体单元，节点坐标为 $[X, Y, Z]$，各节点的浓度记为 $\boldsymbol{C} = [C_1, C_2, C_3, C_4]$。假定单元内浓度梯度为

$$\left[\frac{\partial \boldsymbol{C}}{\partial \boldsymbol{n}}\right] = \left[\frac{\partial C}{\partial x}, \frac{\partial C}{\partial y}, \frac{\partial C}{\partial z}\right]，则沿某一方向 \bar{\boldsymbol{L}}_{12} = [x_2 - x_1, \ y_2 - y_1, \ z_2 - z_1]，$$

有下式成立：

$$(x_2 - x_1)\frac{\partial C}{\partial x} + (y_2 - y_1)\frac{\partial C}{\partial y} + (z_2 - z_1)\frac{\partial C}{\partial z} = C_2 - C_1$$

式中：右端项为节点 1 与节点 2 之间的浓度差。

同理，可得沿 $\bar{L}_{13}$ 与 $\bar{L}_{14}$ 方向的浓度差表达式。将此 3 式联立，得到如下方程组：

$$\begin{bmatrix} x_2 - x_1 & y_2 - y_1 & z_2 - z_1 \\ x_3 - x_1 & y_3 - y_1 & z_3 - z_1 \\ x_4 - x_1 & y_4 - y_1 & z_4 - z_1 \end{bmatrix} \begin{bmatrix} \partial C / \partial x \\ \partial C / \partial y \\ \partial C / \partial z \end{bmatrix} = \begin{bmatrix} C_2 - C_1 \\ C_3 - C_1 \\ C_4 - C_1 \end{bmatrix} \tag{11-19}$$

求解上式可得到四面体单元内的浓度梯度，其中当 $C = 0$ 时，令浓度梯度为 0，当 $C \neq 0$ 时，方程有唯一解。当单元剖分密度增大时，浓度梯度的计算精度将会进一步提高。

（2）对于对流项的浓度梯度，应根据节点的指针数组 $NEP(NP, d)$ 与风速矢，从相邻单元中找出对应的浓度梯度计算单元。其中，对于内部节点与出流边界节点，浓度梯度计算单元为上游强迎风单元，该单元内的浓度梯度即为所求节点的浓度梯度；对于入流边界节点，计算单元取下游相邻的强顺风单元；对于侧壁边界节点，浓度梯度为所有相邻迎风单元的矢量和。

（3）对于扩散项与源项的浓度梯度，仍采用所有相邻单元的浓度梯度平均值。

上述各类单元的定义为：已知任意节点的风速矢，作垂直于该矢的空间平面，则该节点的相邻单元中，该平面上游一侧的单元称为迎风单元，下游一侧的单元称为顺风单元，特别地，将过该节点的风速矢直接

穿过的上、下游两个单元分别称为强迎风单元与强顺风单元。

11.2.3 方程组的隐式迭代解法

将式(11-18)中左端系数矩阵 A 可分解为

$$A = \begin{bmatrix} a_{10} & a_{11} & \cdots & a_{1d} \\ a_{20} & a_{21} & \cdots & a_{2d} \\ \vdots & \vdots & & \vdots \\ a_{NP0} & a_{NP1} & \cdots & a_{NPd} \end{bmatrix} = \begin{bmatrix} a_{10} & 0 & \cdots & 0 \\ a_{20} & 0 & \cdots & 0 \\ \vdots & \vdots & & \vdots \\ a_{NP0} & 0 & \cdots & 0 \end{bmatrix} + \begin{bmatrix} 0 & a_{11} & \cdots & a_{1d} \\ 0 & a_{21} & \cdots & a_{2d} \\ \vdots & \vdots & & \vdots \\ 0 & a_{NP1} & \cdots & a_{NPd} \end{bmatrix}$$

$$\tag{11-20}$$

式（11-20）简写为 $A=A_E+A_D$，其中 A_E 中非零元素仅包含第 0 列主元素。将该简写式代入式(11-18)并整理，得到如下的迭代公式：

$$A_E\left[\frac{\partial C}{\partial t}\right]_n = -A_D\left[\frac{\partial C}{\partial t}\right]_{n-1} + B_x\left[\frac{\partial C}{\partial x}\right]_{u,n-1} + B_y\left[\frac{\partial C}{\partial y}\right]_{v,n-1} + B_z\left[\frac{\partial C}{\partial z}\right]_{w,n-1} +$$

$$\left(C_x + D_x\right)\left[\frac{\partial C}{\partial x}\right]_{n-1} + \left(C_y + D_y\right)\left[\frac{\partial C}{\partial y}\right]_{n-1} + \left(C_z + D_z\right)\left[\frac{\partial C}{\partial z}\right]_{n-1} + E_k\left[C\right]_{n-1}$$

$$\tag{11-21}$$

式中：下标 n 与 $n-1$ 分别表示迭代步数。

对于浓度的时间导数项，可假定浓度 C 随时间 t 的变化满足下式：

$$C = C_0 + bt + ct^K$$

由此可知浓度的时间导数满足下式：

$$\frac{\partial C}{\partial t} = K\frac{C - C_0}{\Delta t} + \left(1 - K\right)\frac{\partial C}{\partial t}\bigg|_0$$

并可化简为如下的迭代形式：

$$C_n = C_0 + \frac{\Delta t}{K}\left(\frac{\partial C}{\partial t}\bigg|_n + \left(K - 1\right)\frac{\partial C}{\partial t}\bigg|_0\right) \tag{11-22}$$

上式中，下标 0 表示上一时刻末的变量值。

因此，在每个时间步长内，先利用上一时刻末的浓度梯度矢，通过式(11-21)计算得到该步长内浓度的变化率，再由式(11-22)得到该时段末的浓度值，由式(11-19)求得新的浓度梯度矢，将其回代式(11-21)又可以计算出新的浓度变化率，如此循环，直到前后两次计算的浓度残差满足收敛条件。

另外，对于风速场与浓度变化剧烈的情况，作为选择，对式(11-21)中的浓度梯度矢亦可采用下面的表达式：

$$\left.\begin{aligned}
\frac{\partial C}{\partial x} &= k\frac{\partial C}{\partial x}\bigg|_n + (1-k)\frac{\partial C}{\partial x}\bigg|_0 \\
\frac{\partial C}{\partial y} &= k\frac{\partial C}{\partial y}\bigg|_n + (1-k)\frac{\partial C}{\partial y}\bigg|_0 \\
\frac{\partial C}{\partial z} &= k\frac{\partial C}{\partial z}\bigg|_n + (1-k)\frac{\partial C}{\partial z}\bigg|_0 \\
C &= kC_n + (1-k)C_0
\end{aligned}\right\}
\tag{11-23}$$

其中，系数 k 为松弛因子，一般取 0.5。右端项中第一项为时段末第 n 次迭代值，第二项为上一时刻末的值(或称为该时段的初始值)。

实际计算表明，上述隐式迭代方法只需循环 4 次左右即可收敛。

11.3　关于雨雾沉降速度的讨论

11.3.1　地面附近雨滴的群体降落速度

气象学方面的研究表明，由于雨雾在下落过程中的破碎、碰并，对于长历时、大范围的自然降雨，具有恒定且空间分布较为均匀的雨滴谱，而对于短历时的暴雨，雨滴谱在时间与空间上则均不稳定。泄洪雾化降雨即属于后者，由于雨雾浓度空间变化剧烈，雨滴谱与群体降落速度均随着空间位置的不同而改变。

从第 8 章中关于雨滴降落速度的研究结果可知，直径 6 mm 的水滴在极短的时间内均可达到极限速度。因此，地面附近单个水滴在空气中的沉降速度可用极限降落速度 V 表示[5]：

$$V(D) = \alpha D^{\beta} \tag{11-24}$$

式中：V 为雨滴的极限降落速度，m/s；D 为雨滴直径，mm；α 与 β 为经验系数，根据相关的实测资料，可取 $\alpha = 3.778$，$\beta = 0.67$。

雨滴粒径分布函数 $N(D)$ 则可采用 Γ 型雨滴谱[6-7]：

$$N(D) = N_0 D^{\mu} \mathrm{e}^{-\Lambda D} \tag{11-25}$$

式中：$N(D)$ 为单位体积空间内某一粒径雨滴数密度，$\mathrm{m}^{-3}\mathrm{mm}^{-1}$；$N_0$ 为

300~300 000 的常数，对于自然降雨可取 80 000 $\text{m}^{-3}\text{mm}^{-1}$；$\mu$ 为经验系数，一般为 $-2\sim2$；Λ 为雨强系数，根据 Marshall 和 Palmer 的研究成果，$\Lambda = 4.1P^{-0.21}$，P 为降雨强度，mm/h。

由式（11-25）可知，雨滴谱本身也与降雨强度大小有关，当 $\mu = 0$ 时，式(11-25)转化为气象上常用的 P–M 型雨滴谱。

已知空间任一点的雨滴谱与降落速度，该处降雨强度 P 可表示为

$$P = \frac{\pi}{6}\int_0^\infty D^3 V(D) N(D) \mathrm{d}D \tag{11-26}$$

将式(11-24)与式(11-25)代入上式，可化为

$$P = \frac{\pi}{6}\int_0^\infty \alpha D^{\beta+3+\mu} N_0 \mathrm{e}^{-\Lambda D} \mathrm{d}D \xrightarrow{\Leftrightarrow x=\Lambda D} \frac{\pi \alpha N_0}{6\Lambda^{\beta+4+\mu}} \int_0^\infty x^{\beta+3+\mu} \mathrm{e}^{-x} \mathrm{d}x$$

上式右端积分为 Γ 函数，故最后得到：

$$P = \frac{0.003\,6\alpha\pi N_0 \Gamma(\beta+4+\mu)}{6\Lambda^{\beta+4+\mu}} \tag{11-27}$$

式中：P 为降雨强度，mm/h。

同样地，该处的雨滴体积浓度 C 也可表示为

$$C = \frac{\pi}{6}\int_0^\infty D^3 N(D) \mathrm{d}D \tag{11-28}$$

将式(11-25)代入，最后可化为

$$C = \frac{\pi N_0 \Gamma(4+\mu)}{6\times10^9 \Lambda^{4+\mu}} \tag{11-29}$$

式中：C 为无量纲体积含水浓度。

因此，雨区任一点的群体降落速度 ω 可表示为

$$\omega = \frac{P}{C} = \frac{\alpha\Gamma(\beta+4+\mu)}{\Lambda^\beta \Gamma(4+\mu)} \tag{11-30}$$

联立式(11-29)与式(11-30)，将降雨强度系数 Λ 消去，亦可得到雨滴群体沉降速度与体积浓度的关系式：

$$\omega = \frac{\alpha\Gamma(\beta+4+\mu)}{\Gamma(4+\mu)}\left[\frac{6\times10^9 C}{\pi N_0 \Gamma(4+\mu)}\right]^{\frac{\beta}{4+\mu}} \tag{11-31}$$

式中：ω 为雨滴群体沉降速度，m/s。

表 11-1 为 $\mu = 0$ 时不同降雨强度对应的群体降落速度。随着降雨强度的增大，由于碰并作用，大粒径雨滴数量增多，群体降落速度也会增

大。由式(11-24)可知，雨滴粒径为3~6 mm 时，单个雨滴降落的最大终极速度可达 7~11 m/s。但自然降雨中群体降落速度要小于单个大雨滴的终极速度。

表 11-1 $\mu = 0$ 时不同降雨强度对应的群体降落速度

降雨强度 P (mm/h)	系数 Λ	系数 N_0	体积浓度 s (%)	质量浓度 $C(\text{g/m}^3)$	群体降落速度 $\omega(\text{m/s})$
0.1	6.65	6 608.64	1.06×10^{-8}	0.011	2.616
0.5	4.74	6 817.13	4.23×10^{-8}	0.042	3.280
1	4.10	6 908.94	7.68×10^{-8}	0.077	3.616
5	2.92	7 126.92	3.06×10^{-7}	0.306	4.535
10	2.53	7 222.90	5.56×10^{-7}	0.555	5.000
20	2.18	7 320.18	1.01×10^{-6}	1.008	5.512
50	1.80	7 450.78	2.21×10^{-6}	2.215	6.271
75	1.66	7 510.32	3.14×10^{-6}	3.138	6.639
100	1.56	7 551.13	4.02×10^{-6}	4.018	6.913
200	1.35	7 652.82	7.29×10^{-6}	7.289	7.621
300	1.24	7 712.94	1.03×10^{-5}	10.328	8.067
400	1.16	7 755.89	1.32×10^{-5}	13.224	8.402

11.3.2 降雨强度与含水浓度的转换方法

由式(11-27)可知，不同的降雨强度对应的雨滴谱却不同。其中，雨滴谱函数的系数 N_0 与降雨强度 P 呈如下关系：

$$N_0 = \frac{6 \times 10^9}{3\ 600\ 000} \frac{P\Lambda^{\beta+\mu+4}}{\alpha\pi\Gamma(\beta+\mu+4)} \tag{11-32}$$

若已知某一点的降雨强度分布 P，要求解该点雾雨浓度 C 与群体降落速度 ω。可令 μ 为经验常数，根据式(11-32)求解出不同降雨强度对应的雨滴谱系数 N_0；然后代入式(11-29)与式(11-31)求出各降雨强度对应的雨雾浓度与群体沉降速度。上述方法可用于解决降雨强度计算模型与水雾扩散模型的边界转换问题。

若已知某一点的雨雾浓度分布 C，要求解该点降雨强度 P 与沉降速度 ω 的分布规律，则需要采用试算的方法。首先假定一个 N_0 值，运用式(11-31)求解出水滴的群体沉降速度分布 ω；然后可求解出降雨强度 $P = \omega C$；将求解得到的降雨强度 P，代入式(11-32)解出新的 N_0 值；重复上述步骤，直到满足精度要求。

在程序计算中，可根据雾雨浓度的变化，运用式(11-31)、式(11-32)对沉降速度 ω 进行实时调整，从而计算出降雨强度的时空分布。

雨雾输运数学模型可以独立计算。通过边界耦合，即可与掺气水舌模型、随机溅水计算模型共同构成模拟泄洪雾化全过程的数学模型，也可与神经网络计算模型组成下游雾化全场的计算模型。

11.4 小 结

根据雾化雨雾运动的特点，提出了雨雾输运的数学模型，针对其数值解法与雾雨沉降效应问题进行研究，开发了雾雨输运扩散的三维计算模型。该模型与掺气水舌模型、随机溅水计算模型一起，共同构成了模拟泄洪雾化全过程的数学模型。

雨雾输运计算模型采用了有限元方法，对于复杂地形与风场有较好的适应性。针对对流占优情况下的浓度输运问题，通过采用捕捉浓度梯度的方法，保证含水浓度的非负性与单调性，并采用隐式迭代方法保证计算的稳定性。

通过含水浓度与降雨强度之间的转换关系，雾雨输运数学模型除同随机溅水计算模型进行边界耦合外，也可与雾化人工神经网络预报模型进行耦合计算，进一步对外围风场作用下的雾雨输运进行计算。

参 考 文 献

[1] 李敏，蒋维楣，张宁，等. 由泄洪水流引起的水舌风现象的数值模拟分析[J].
    空气动力学学报，2003，21(4).

[2] 刘红年，蒋维楣，徐敏. 水雾扩散及其对环境影响的模拟研究[J]. 环境科学

学报，2000，20(9).

[3] 李敏，蒋维楣，刘红年. 考虑雾的微物理特征条件下的水雾扩散数值模拟研究[J]. 环境科学学报，2002，22(2).

[4] 刘士和. 高速水流[M]. 北京: 科学出版社，2005.

[5] 马廷，周成虎. 基于雨滴谱函数的降雨动能理论计算模型[J]. 自然科学进展，2006，16(10).

[6] 窦康贤，王连仲，等. 雨滴谱参数估计优化方案及其微物理资料检验[J]. 电波科学学报，2001，16(4).

[7] 刘黎平. 雨区衰减及谱变化影响雷达测雨精度的数值模拟[J]. 南京气象学院院报，1994，17(2).

第12章 泄洪雾化数学模型的综合应用实例

12.1 泄洪雾化数学模型的计算结构

掺气水舌运动计算模型、随机溅水计算模型与雨雾输运计算模型共同构成泄洪雾化数学模型，结合流体力学计算软件 Fluent，可用于泄洪雾化全程的数学模拟。其中，掺气水舌运动计算模型，既可为随机溅水计算模型提供入射条件，也可为水舌风场的计算提供流速边界条件；运用随机溅水计算模型，能够计算雾化近区与中区的降雨强度分布，为工程运行安全与边坡防护设计提供参考；通过雨雾输运扩散模型，可计算复杂风场与自然地形条件下，雾化中远区的雾雨分布，为下游环境影响评价提供依据。上述模型的计算结构见图 12-1。

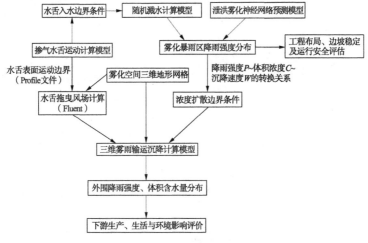

图 12-1 泄洪雾化数学模型的计算流程

本章以二滩水电站与瀑布沟水电站为例，运用泄洪雾化数学模型，对下游雾化降雨分布进行计算分析。

12.2 二滩水电站泄洪洞下游雾化计算分析

12.2.1 工程概况与计算条件

二滩水电站泄洪洞是我国已建规模最大的泄洪洞之一，泄洪洞的最大泄洪水头达 160 m，两洞泄流能力相当，在设计水位 1 200 m 条件下，两条泄洪洞的总泄洪能力达 7 400 m³/s。两洞呈直线平行布置，洞轴线的中心距离 40 m，分别由进水口段、龙抬头段、洞身直坡段及出口挑流段组成，1#洞全长 922 m，出口采用斜切扭曲鼻坎，2#洞全长 1 269.01 m，出口体型采用近似对称扩散鼻坎。两洞出口体型参见图 12-2，计算工况的具体指标见表 12-1。

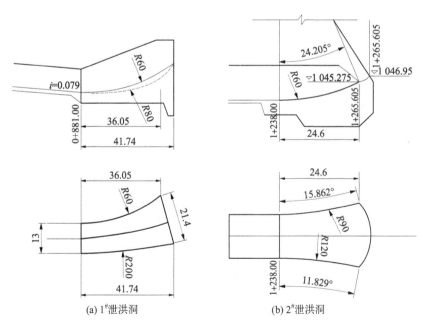

(a) 1#泄洪洞   (b) 2#泄洪洞

图 12-2 二滩水电站泄洪洞出口挑坎体型

表 12-1　二滩水电站下游泄洪洞计算工况

工况	上游 水位 H_1（m）	下游 水位 H_2(m)	流量 Q （m³/s）	入水 流速 v(m/s)	入水 角度 $\tan\theta$	水舌 挑距 L(m)	风场 条件*
I	1 199.77	1 012.40	3 688	41~47	0.73~1.41	174~219	水舌风
II	1 199.86	1 012.90	3 692	42~46	0.84~1.26	175~205	水舌风

注： *由于自然风场为未知，故计算中暂不考虑。

12.2.2　掺气水舌运动计算

通过对掺气水舌空中运动的计算，得到水舌表面形态与流速矢量场，可作为水舌拖曳风场的计算边界条件。1#泄洪洞与2#泄洪洞的水舌空中形态见图 12-3。

根据水舌入水形态、入射速度与角度、含水浓度分布等指标，可得到水舌入水前缘各段的位置坐标与入射条件，具体数据见表 12-2 和表 12-3。

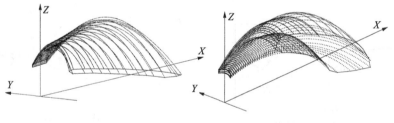

(a)1#泄洪洞　　　　　　　　　　　(b)2#泄洪洞

图 12-3　二滩水电站泄洪洞水舌空中形态

表 12-2　1#泄洪洞水舌前缘各段位置坐标与入射条件

编号	坐标(m)		前缘 长度 (m)	有效 厚度 (m)	入水 角度 (°)	偏转 角度 (°)	入水 流速 (m/s)	含水 浓度
	x	y						
1	173.85	74.71	4.58	0.26	36.28	24.00	44.11	0.31
2	177.27	71.65	4.58	0.26	36.34	22.45	44.36	0.32
3	180.68	68.60	4.58	0.26	36.40	20.90	44.61	0.32
4	184.10	65.55	4.05	0.26	36.45	19.35	44.86	0.33

编号	坐标(m)		前缘长度(m)	有效厚度(m)	入水角度(°)	偏转角度(°)	入水流速(m/s)	含水浓度
	x	y						
5	186.31	62.76	3.56	0.26	36.75	18.57	44.94	0.33
6	188.53	59.98	3.56	0.26	37.04	17.79	45.02	0.33
7	190.75	57.20	3.60	0.26	37.34	17.00	45.10	0.33
8	192.84	54.21	3.65	0.26	37.68	16.25	45.10	0.33
9	194.93	51.22	3.65	0.26	38.02	15.50	45.09	0.33
10	197.02	48.23	3.70	0.26	38.36	14.74	45.09	0.32
11	198.98	45.02	3.76	0.26	38.72	13.96	45.09	0.32
12	200.94	41.81	3.76	0.26	39.08	13.19	45.10	0.32
13	202.90	38.59	3.79	0.26	39.44	12.41	45.11	0.32
14	204.57	35.15	3.82	0.26	39.80	11.61	45.11	0.31
15	206.24	31.71	3.82	0.26	40.15	10.81	45.11	0.31
16	207.91	28.27	3.87	0.27	40.51	10.01	45.11	0.31
17	209.41	24.65	3.91	0.27	40.87	9.18	45.12	0.31
18	210.90	21.04	3.91	0.27	41.24	8.36	45.14	0.31
19	212.39	17.42	3.95	0.27	41.60	7.54	45.16	0.31
20	213.66	13.64	3.98	0.27	42.00	6.70	45.19	0.30
21	214.93	9.87	3.98	0.27	42.40	5.86	45.23	0.30
22	216.20	6.10	3.99	0.27	42.79	5.03	45.26	0.30
23	217.13	2.19	4.02	0.27	43.17	4.16	45.29	0.30
24	218.06	−1.71	4.02	0.27	43.55	3.30	45.33	0.30
25	218.99	−5.62	4.09	0.27	43.93	2.44	45.37	0.30
26	219.52	−9.75	4.17	0.27	44.36	1.27	45.20	0.29
27	220.06	−13.88	4.17	0.28	44.79	0.10	45.03	0.29
28	220.60	−18.02	4.32	0.28	45.22	−1.07	44.86	0.28
29	219.43	−22.50	4.64	0.29	46.10	−2.74	43.79	0.26
30	218.26	−26.99	4.64	0.30	46.98	−4.40	42.72	0.25
31	217.08	−31.48	4.64	0.31	47.86	−6.06	41.65	0.23

编号	坐标(m)		前缘长度 (m)	有效厚度 (m)	入水角度 (°)	偏转角度 (°)	入水流速 (m/s)	含水浓度
	x	y						
32	215.91	−35.96	4.22	0.32	48.74	−7.72	40.58	0.21
33	214.56	−39.54	3.82	0.31	48.25	−9.99	41.42	0.23
34	213.21	−43.11	3.82	0.30	47.77	−12.25	42.26	0.24
35	211.86	−46.68	3.82	0.29	47.28	−14.51	43.10	0.26
36	210.51	−50.25	3.82	0.28	46.79	−16.77	43.94	0.27

表 12-3   2#泄洪洞水舌前缘各段位置与入射条件

编号	坐标(m)		前缘长度 (m)	有效厚度 (m)	入水角度 (°)	偏转角度 (°)	入水流速 (m/s)	含水浓度
	x	y						
1	175.47	66.18	4.50	0.27	40.18	22.63	44.32	0.35
2	179.02	63.42	4.50	0.28	40.38	20.92	43.82	0.32
3	182.57	60.66	3.93	0.28	40.59	19.21	43.31	0.30
4	184.74	58.04	3.40	0.28	40.80	18.22	43.48	0.31
5	186.90	55.42	3.26	0.28	41.00	17.22	43.65	0.31
6	188.81	52.94	3.12	0.28	41.34	16.48	43.72	0.31
7	190.71	50.47	3.10	0.28	41.67	15.73	43.80	0.31
8	192.32	47.84	3.08	0.28	42.00	14.99	43.79	0.31
9	193.93	45.22	3.06	0.28	42.32	14.24	43.79	0.31
10	195.24	42.46	3.05	0.28	42.62	13.48	43.77	0.31
11	196.55	39.71	3.09	0.28	42.92	12.72	43.75	0.31
12	197.93	36.90	3.13	0.28	43.25	11.93	43.77	0.30
13	199.30	34.09	3.11	0.28	43.58	11.13	43.80	0.30
14	200.33	31.16	3.10	0.29	43.95	10.32	43.67	0.30
15	201.36	28.24	3.41	0.29	44.33	9.52	43.55	0.30

编号	坐标(m)		前缘长度(m)	有效厚度(m)	入水角度(°)	偏转角度(°)	入水流速(m/s)	含水浓度
	x	y						
16	202.37	24.65	3.73	0.29	44.71	8.34	43.28	0.29
17	203.38	21.06	4.12	0.30	45.09	7.16	43.01	0.28
18	204.32	16.65	4.52	0.30	45.30	5.48	42.87	0.28
19	205.27	12.23	4.55	0.30	45.50	3.80	42.73	0.28
20	205.41	7.61	4.62	0.30	45.51	2.01	42.74	0.28
21	205.55	3.00	4.55	0.30	45.51	0.22	42.74	0.28
22	204.90	−1.48	4.52	0.30	45.29	−1.47	42.88	0.28
23	204.24	−5.95	4.13	0.30	45.07	−3.16	43.01	0.28
24	203.44	−9.60	3.74	0.29	44.71	−4.35	43.29	0.29
25	202.63	−13.25	3.41	0.29	44.34	−5.53	43.56	0.30
26	201.78	−16.23	3.10	0.29	43.97	−6.33	43.67	0.30
27	200.93	−19.21	3.09	0.28	43.59	−7.12	43.78	0.30
28	199.91	−22.13	3.10	0.28	43.29	−7.93	43.79	0.30
29	198.88	−25.05	3.09	0.28	42.99	−8.74	43.81	0.31
30	197.55	−27.84	3.10	0.28	42.65	−9.49	43.81	0.31
31	196.22	−30.64	3.08	0.28	42.32	−10.24	43.82	0.31
32	194.77	−33.35	3.07	0.28	42.00	−10.98	43.81	0.31
33	193.32	−36.06	3.10	0.28	41.68	−11.73	43.80	0.31
34	191.56	−38.65	3.13	0.28	41.35	−12.48	43.73	0.31
35	189.80	−41.24	3.25	0.28	41.02	−13.24	43.66	0.31
36	187.80	−43.96	3.38	0.28	40.81	−14.21	43.51	0.31
37	185.80	−46.69	3.87	0.28	40.59	−15.18	43.36	0.30
38	182.62	−49.70	4.38	0.28	40.42	−16.88	43.87	0.32
39	179.44	−52.71	4.38	0.27	40.25	−18.58	44.37	0.35

12.2.3 水舌拖曳风场计算结果

根据掺气水舌表面流速数据设置风速边界，运用 Fluent 软件可以计算得到挑流水舌的拖曳风场。其基本步骤如下：

（1）根据掺气水舌的计算结果，运用通用 RBF 网络(参见第 5 章)对水舌表面的流速矢量场进行学习，得到神经网络的风速关系矩阵。

（2）以水舌表面作为流速边界，建立三维风场模型，采用四面体网格进行空间离散，并输出水舌动边界的所有节点坐标。

（3）将水舌动边界的节点坐标与风速系统关系矩阵输入通用 RBF 网络，得到每个节点的流速矢。

（4）将计算得到的流速矢量场作为自定义边界条件(Profile 文件)，运用 Fluent 计算软件，求解三维风速场。

图 12-4 和图 12-5 为二滩水电站计算域内下垫面与水舌表面的计算网格，顶部与上下游入口为大气开边界，下垫面为滑动壁面，水舌表面为流速边界。

二滩水电站 1#和 2#泄洪洞下游地面附近水舌风场的矢量图分别见图 12-6 和图 12-7，其风速等值线图分别见图 12-8 和图 12-9，地形等高线的高程零点为下游水位。

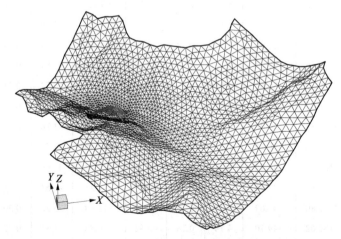

图 12-4　二滩水电站 1#泄洪洞风场计算域下垫面与水舌表面的计算网格

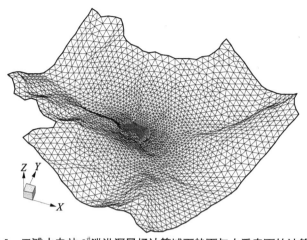

图 12-5 二滩水电站 2[#]泄洪洞风场计算域下垫面与水舌表面的计算网格

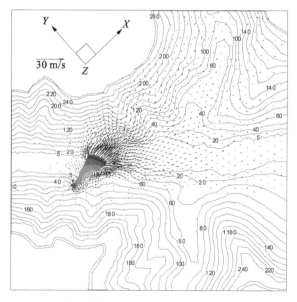

图 12-6 二滩水电站 1[#]泄洪洞下游地面附近水舌风场的矢量图

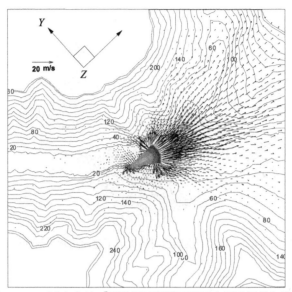

图 12-7　二滩水电站 2#泄洪洞下游地面附近水舌风场的矢量图

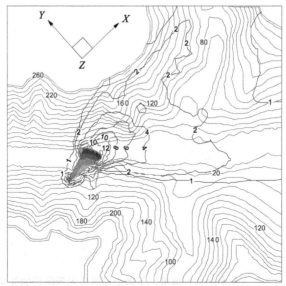

图 12-8　二滩水电站 1#泄洪洞下游地面附近风速等值线图　（单位：mm/h）

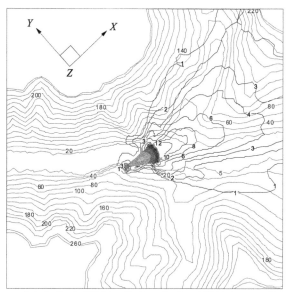

图 12-9   二滩水电站 2#泄洪洞下游地面附近风速等值线图 （单位：mm/h）

12.2.4   下游溅水分布计算结果

在本书提出的溅水雾化计算模型中，可以考虑水舌风场、自然风场与两岸地形的影响。其基本步骤如下：

（1）将风速场与下游地形输入通用 RBF 网络，通过学习分别得到风场与地形关系矩阵。

（2）根据水舌入水形态、含水浓度分布、入水流速分布等指标，对溅水源区进行离散，确定每个单元的入射流量、入射角度，以及空间位置。

（3）运用上述入射条件及风场与地形的关系矩阵，进行水舌溅水雾化预测计算。

然而，初步试算表明，溅水模型在同时打开风速与地形判别功能后，需要分别调用相应的神经网络模块，程序运算量过大。为此，在本章计算中，根据水舌风场计算结果，将其概化为正态分布，溢流中心风速为10 m/s。同时，保留对自然地形高程的实时判别。

图 12-10 和图 12-11 为二滩水电站 1#泄洪洞与 2#泄洪洞下游的溅水

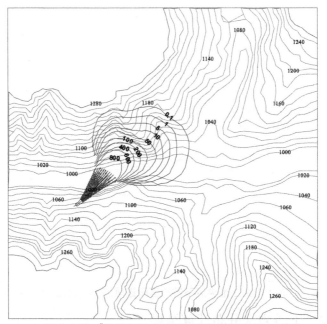

图 12-10　二滩水电站 1#泄洪洞溅水区降雨强度等值线图 （单位：mm/h）

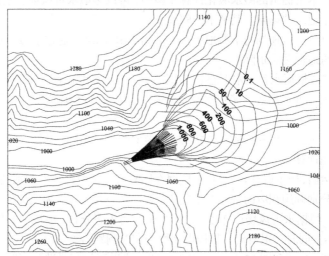

图 12-11　二滩水电站 2#泄洪洞溅水区降雨强度等值线图 （单位：mm/h）

区降雨强度等值线图，由于山形阻挡，1#泄洪洞下游雾化较为集中，溅水扩散范围稍小于2#泄洪洞。

12.2.5　下游雨雾的输运与沉降

在溅水区，水滴粒径较大，并以抛物运动为主，且地形对风场的影响较小，因此溅水模型可以满足精度要求；在溅水区外围，水滴粒径较小，运动以对流输运为主(阻力加速度与粒径成反比)，同时地形对水舌风场影响增大，而后者又将改变水滴的飞行轨迹，因此采用概化风场的溅水模型，计算误差较大。为此，应在溅水计算成果的基础上，通过模拟外围水雾的输运与沉降，对雨雾分布进行补充与修正。

根据第11章中的雨滴谱公式，当降雨强度为 200 mm/h 时，空气中的体积含水浓度已小于 0.000 012%，质量含水浓度小于 12 g/m^3。该区域内水滴做主动抛物运动，受风场拖曳作用较小，故将其作为输运模型的起始浓度边界。

模型的基本计算步骤如下：

（1）假定溅水区外围的雨滴谱参数 μ，并由此推求出 200 mm/h 等值线对应的雨雾质量浓度 C_{200}。一般地，当 $\mu = 1$ 时，$C_{200} = 6.24 \, \mathrm{g/m^3}$；当 $\mu = 0$ 时，$C_{200} = 7.29 \, \mathrm{g/m^3}$；当 $\mu = -2$ 时，$C_{200} = 11.9 \, \mathrm{g/m^3}$。

（2）根据 200 mm/h 等值线范围与爬升高度，确定雾雨区的节点浓度边界条件。

（3）将节点浓度边界条件输入水雾输运模型，求解风场作用下水雾浓度与降雨强度的空间分布。

图 12-10 与图 12-11 中给出了水舌风作用下的溅水区外围降雨强度等值线分布，图中地形等高线的高程零点亦为下游水位。由图 12-12 与图 12-13 可知，1#泄洪洞下游雾化范围明显小于2#泄洪洞下游雾化范围。

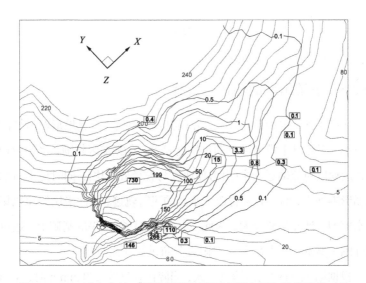

图 12-12　二滩水电站 1#泄洪洞雾化降雨实测点据与计算结果对比

(单位：mm/h)

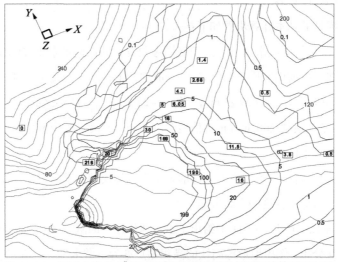

图 12-13　二滩水电站 2#泄洪洞雾化降雨实测点据与计算结果对比

(单位：mm/h)

12.2.6　数学模型与原型观测成果的验证分析

中国水利水电科学研究院于 1999 年 9~12 月，针对二滩水电站坝身与泄洪洞泄洪雾化进行了原型观测[1]，其中雾化近区采用雨量筒，远区则采用海棉盒称重法。

图 12-12 与图 12-13 中方框数据为泄洪洞下游雾化降雨实测值，测点坐标位置对应方框左下脚。除个别区域外，雾化雨强的分布规律与实测数据较为一致。

研究表明，雾化区域内的地形因素、气象因素及数值离散方法，对雨雾扩散模型的计算结果有较大影响。首先，河谷地区由于人工干预，两岸地形较原先有较大的改变，同时地面建筑与植被的变化(底部糙率)也会改变当地风速；其次，原型观测过程中环境风、器具集雨方向以及湿度等因素，对实测数据也有一定影响；最后，数学模型计算尺度较大(本次计算中，水舌表面单元尺度为 2~10 m，而空间单元的尺度则为20~50 m)，对局部区域雨雾分布的分辨率有所不足。

鉴于此，在计算条件允许的情况下，应充分考虑上述因素的影响，提高雾化模型的计算精度。

12.3　瀑布沟水电站泄洪洞下游雾化计算分析

12.3.1　工程概况与计算条件

瀑布沟水电站位于大渡河中游，是以发电为主，兼有防洪、拦沙等综合效益的大型水利水电工程，电站总装机容量 3 300 MW，最大坝高186 m。工程枢纽主要由砾石土心墙堆石坝、岸边溢洪道、泄洪隧洞和放空洞、地下厂房及尼日河引水工程等组成。其中，电站深孔无压泄洪洞布置在左岸山体内，隧洞总长 2 022 m，挑流鼻坎出口高程 688.36 m，泄洪流量为 3 000 ~3500 m³/s。本节选取常遇洪水工况进行雾化分析计算。

计算工况见表 12-4，其中包括无自然风(仅有局部水舌风场)与考虑自然风两种情况。其中，水舌拖曳风场由流体力学软件 Fluent 求解，自然风速假定为 3.0 m/s，沿着河谷方向，并与泄洪洞轴线呈 25° 夹角。

表 12-4　瀑布沟水电站泄洪洞计算工况

工况	上游水位 H_1（m）	下游水位 H_2（m）	流量 Q（m³/s）	入水流速 v(m/s)	入水角度 $\tan\theta$	水舌挑距 L(m)	风场条件
I	842.9	673.8	3 027	37~40	0.7~0.8	120~150	水舌风
II	842.9	673.8	3 027	37~40	0.7~0.8	120~150	水舌风+自然风

降雨强度计算边界仍采用随机溅水模型计算结果，在此基础上进行雨雾输运与扩散的求解。

12.3.2　掺气水舌运动计算结果

图 12-14 为泄洪洞出口体型，出口挑坎采用单侧扩散，计算中水舌周边表面计算微元为 118 个。图 12-15 为出口下游水舌的空中运动形态。表 12-5 为水舌前缘各分段的入水指标计算结果。计算表明，水舌入水前缘的含水浓度 0.1~0.3 g/m³，入水流速 39~43 m/s，入水角度 47°~49°。

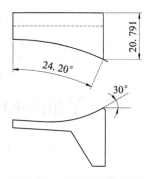

图 12-14　泄洪洞出口体型

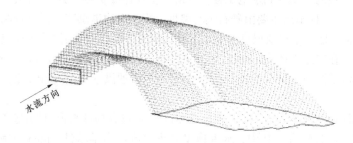

图 12-15　出口下游水舌的空中扩散形态

表 12-5 计算得到的水舌入水前缘各段位置坐标与入射条件

分段序号	坐标(m)		前缘长度 (m)	有效厚度 (m)	入水角度 (°)	偏转角度 (°)	入水流速 (m/s)	含水浓度
	x	y						
1	158.27	9.28	6.43	0.10	48.55	4.75	40.87	0.20
2	160.10	4.61	4.02	0.07	47.71	0.87	42.39	0.30
3	160.13	−0.03	5.27	0.06	47.59	−0.78	43.03	0.35
4	160.08	−5.42	5.51	0.06	47.52	−1.88	42.73	0.31
5	159.88	−11.55	6.75	0.07	47.51	−3.35	42.46	0.29
6	159.45	−18.83	7.86	0.08	47.53	−5.24	42.20	0.27
7	158.68	−27.25	9.05	0.08	47.56	−7.51	41.94	0.25
8	157.44	−36.81	10.23	0.09	47.60	−10.24	41.71	0.23
9	155.87	−46.00	8.41	0.10	47.66	−12.94	41.51	0.22
10	154.02	−54.54	9.07	0.10	47.71	−15.52	41.33	0.21
11	151.64	−63.61	9.71	0.11	47.77	−18.34	41.17	0.20
12	149.23	−71.52	6.83	0.11	47.82	−20.86	41.04	0.19
13	146.60	−78.22	7.58	0.13	48.03	−23.48	40.25	0.17
14	142.45	−85.13	8.62	0.16	48.69	−28.44	39.24	0.14

12.3.3 水舌拖曳风场与溅水区计算结果

图 12-16 为计算域内下垫面与水舌表面的计算网格,其中,对水舌表面进行了网格加密。图 12-17 与图 12-18 分别为地面附近水舌风场矢量图与水舌风速等值线图。

图 12-19 为自然无风条件下,泄洪洞水舌下游地面溅水区降雨强度等值线图。溅水计算中未考虑风场的影响,故需要运用对流输运模型对外围雨雾分布进行补充计算。

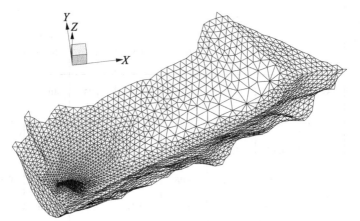

图 12-16　计算域内下垫面与水舌表面的计算网格

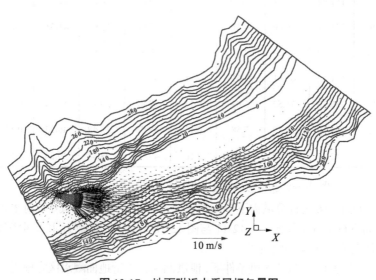

图 12-17　地面附近水舌风场矢量图

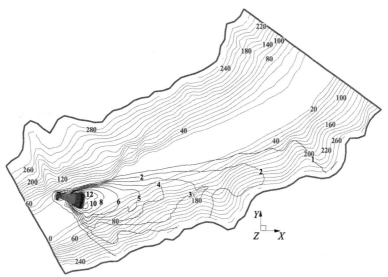

图 12-18　地面附近水舌风速等值线图　（单位：mm/h）

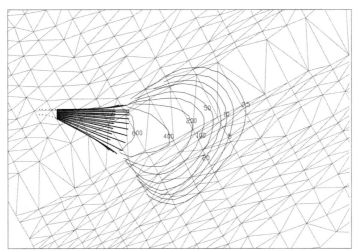

图 12-19　泄洪洞水舌下游溅水区降雨强度等值线图　（单位：mm/h）

12.3.4 下游雨雾的输运与沉降

图 12-20 与图 12-21 分别为水舌风作用下溅水区外围地面附近的降雨强度与含水浓度分布。计算参数为：雨滴谱系数 $\mu = -2$，雨雾边界浓度 $C_0 = 6.56\,\mathrm{g/m^3}$，降雨强度 $P = 100\,\mathrm{mm/h}$。

图 12-22 与图 12-23 为自然风与水舌风共同作用下，溅水区外围地面附近的降雨强度与含水浓度分布。计算参数同样为：雨滴谱系数 $\mu = -2$，雨雾边界浓度 $C_0 = 6.56\,\mathrm{g/m^3}$。计算结果表明：

（1）泄洪洞泄洪时，自水舌入水点起算，100 mm/h 降雨强度的纵向长度约为 270 m，0.1 mm/h 雨区边界长度约 600 m，雨区爬高约 130 m。

（2）由于地形对水舌风场的影响，外围雾化降雨形态发生偏转，若同时考虑纵向山谷风，则雨雾分布的偏转程度加大，同时扩散范围明显增大。

运用泄洪雾化数学模型对二滩水电站泄洪洞下游的雾化降雨进行验证分析，计算结果与原型观测数据较为一致，表明上述雾化数学模型在技术上是可行的。

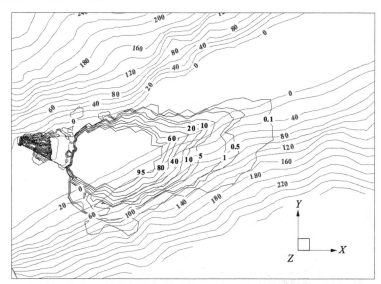

图 12-20　水舌风作用下溅水区外围地面附近的降雨强度分布　（单位：mm/h）

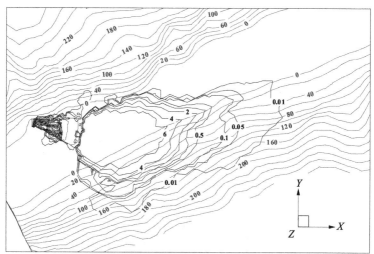

图 12-21　水舌风作用下溅水区外围地面附近的含水浓度分布

(单位：g/m³)

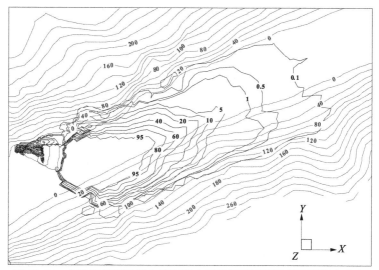

图 12-22　水舌风与自然风作用下溅水区外围地面附近的降雨强度分布

(单位：mm/h)

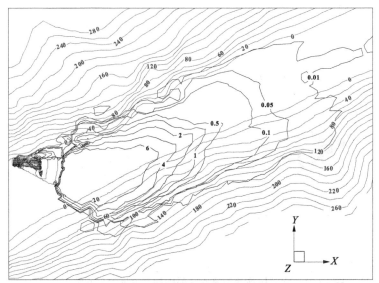

图 12-23　水舌风与自然风作用下溅水区外围地面附近的含水浓度分布

(单位：g/m³)

雾化数学模型具有较高的可信度，但模型运算量较大，如在瀑布沟水电站泄洪洞雾化计算中，受硬件条件所限，未考虑风场对于溅水分布的影响，对此仍需改进。

12.4　泄洪雾化神经网络模型与数学模型的对比分析

在第6章中，运用泄洪雾化神经网络模型，对瀑布沟水电站泄洪洞下游雾化分布进行计算分析，给出了常遇洪水工况下泄洪洞下游雾化降雨强度等值线分布图，见图12-24。本章运用泄洪雾化数学模型对该工况下雾化降雨分布进行了预报，计算结果见图12-25。为便于分析比较，两图中给出了横、纵坐标系。两者对比结果表明：

（1）泄洪雾化数学模型与神经网络模型得到的雾化范围大致相当，且雾雨区主要分布于对岸。从泄洪洞出口起算，雾雨区纵向范围为650m，相对爬升高度约140m。

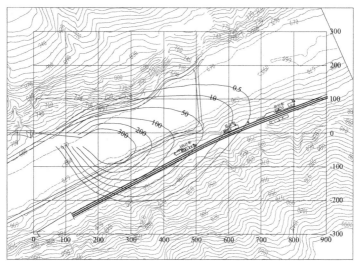

图 12-24　常遇洪水工况下泄洪洞下游雾化降雨分布(神经网络模型计算结果)

(单位：mm/h)

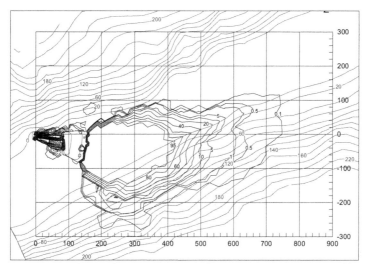

图 12-25　常遇洪水工况下泄洪洞下游雾化降雨分布(数学模型计算结果)

(单位：mm/h)

（2）从雾雨分布形态上看，两者在雾化近区的分布基本相同，但在雾化远区，神经网络模型计算分布略靠近河道中央。究其原因在于，神经网络模型的学习样本中部分包含了当地风场及局部溅水的影响(如二滩水电站 1#泄洪洞雾化原型观测数据)，而数学模型计算中仅考虑水舌风的影响。

分析表明，神经网络模型与数学模型的雾化分布计算结果较为一致，计算精度均可满足工程实际要求。相对而言，神经网络模型计算相对简单、快捷，但对于雨雾分布局部形态的描述略显不足；雾化数学模型的计算结果则更为翔实，但雾化核心区的计算过程较为复杂。因此，以神经网络模型计算结果作为边界条件，运用数学模型进行外围雨雾输运计算，是一种有效的改进方法。

12.5　小　结

运用泄洪雾化数学模型，对二滩水电站泄洪洞下游的雾化降雨进行验证分析，计算结果与原型观测数据较为吻合，表明作者提出的泄洪雾化数学模型在技术上是可行的。

分析表明，数学模型计算得到的雾化降雨区规模与同类工程原型观测情况较为一致，但在不同风场作用下，其分布形态会产生较大差异。对于 100 mm/h 以下的雨区，水舌风与自然风对于雾化降雨分布形态的影响不容忽视。

泄洪雾化神经网络模型与数学模型的计算结果较为一致，计算精度均可满足工程实际要求。若全面考虑水舌风与环境风的影响，可在神经网络模型计算成果的基础上，运用雨雾输运数学模型，对外围雨雾分布进行补充计算。

参 考 文 献

[1] 刘之平，刘继广，郭军. 二滩水电站高双曲拱坝泄洪雾化原型观测报告[R]. 北京：中国水利水电科学研究院，2000.

第 13 章　雾化影响的评估方法与防护措施探讨

13.1　泄洪雾化雨强的分级与分区

降雨强度一般定义为单位时间单位面积上的积水深度，以 mm 计。按照气象部门的划分方法，分为日降雨量和小时降雨量两种。其分级标准见表 13-1。

表 13-1　气象部门雨强分级标准　　(单位：mm)

雨强	微雨	小雨	中雨	大雨	暴雨	大暴雨	特大暴雨
日降雨量	<0.1	0.1~10	10.1~25	25.1~50.0	50.1~100.0	100.1~200.0	>200
小时降雨量	<0.1	0.1~2.0	2.1~5.0	5.1~10.0	10.1~20.0	20.1~40.0	>40.0

对于水电站高速水流雾化范围的分级与分区，专家学者之间仍存在不同的意见，尚未达成一致的认识。

对于雾化分区问题，梁在潮[1]提出，雾流在气流和地形条件作用下，在局部地区形成一种密集雨雾，按其形态可大致分为水舌溅水区、暴雨区、雾流降雨区和薄雾大风区。肖兴斌[2]则按照雾化浓度和降雨强度把雾化区分为浓雾暴雨区、薄雾降雨区和淡雾水汽飘散区。周辉等[3]则认为，泄洪雾化的影响区可以直接分为降雨影响区和雾流影响区，其中，降雨影响区包括空中水舌裂散和抛洒降雨、水舌入水喷溅以及浓雾降雨；雾流影响区则是薄雾或淡雾影响区。林可冀等[4]根据安康水电站雾化原型观测资料，将雾化区分为 3 部分：溅水区、雾雨区和水雾飘散区。

其中，雾雨区是从溅水区下游开始到微雨区末端，其特点是形成降雨；水雾飘散区则没有降雨，雾流悬浮在空中随风飘散并沿山谷爬升，对工程没有影响。

上述方法仅适用于雾化机制分析与计算简化，均未给出具体可行的量化指标。练继建等根据部分原型观测得到的雨强大小、分布规律，以及对工程的危害程度，将泄洪引起的雾化降雨划分为 3 个区域[5]：大暴雨区(降雨强度大于等于 50 mm/h)，雾化降雨达到或超过此标准，会给岸坡稳定和建筑物运行造成不利影响，在干旱地区还可能引起山体滑坡和建筑物的毁坏；暴雨区(降雨强度大于或等于 16 mm/h)，雾雨会对电站枢纽造成危害；毛毛雨区(降雨强度大于或等于 0.5 mm/h)，此范围内属自然降雨，对工程危害较小，一般不造成灾害，该范围外雾化则对工程本身没有影响。

刘继广等[6]根据李家峡水电站泄洪雾化原型观测资料，将雾雨影响区分为 7 个部分：特大暴雨区(大于 100 mm/h)、大暴雨区(50~100 mm/h)、暴雨区(16~50 mm/h)、大雨区(8~16 mm/h)、中雨区(2.5~8 mm/h)、小雨区(0.5~2.5 mm/h)和毛毛雨区(小于 0.5 mm/h)。

柴恭纯、陈惠玲等按降水量和形态将雾化影响区分为[7]：特大降水区(降雨强度大于 600 mm/h)，泄洪雾化过程中，对人畜有窒息作用，对建筑物有破坏能力；强降水区(降雨强度 11.7~600 mm/h)，降水量变幅较大，应用时可参照基础护面要求；一般降水区(降雨强度 5.8~11.7 mm/h)，仅需注意排水设施即可；雾流区(降雨强度小于 5.8 mm/h)，为雾滴状态飘浮区，有时覆盖面积很大，通常据其可见度或以轻雾、薄雾和浓雾来描述。

中国水利水电科学研究院在二滩水电站泄洪雾化的原型观测[8]中，将雾化区按照降雨强度划分为以下 6 级，见表 13-2。

表 13-2　泄洪雾化雨强分级

级别	分级名称	降雨强度(mm/h)	雨区特点
①	强溅水区	>600	能见度极低，小于 4 m，空气稀薄，对人畜起窒息作用，对建筑物有较大的破坏能力

级别	分级名称	降雨强度(mm/h)	雨区特点
②	特大暴雨区	100~600	能见度较低，将给建筑物带来危害，对两岸边坡有一定影响
③	大暴雨区	50~100	观测人员勉强可以进入该区，但行走困难，需借助外力，风速很高，其下限相当于自然特大暴雨
④	暴雨区	10~50	该区域内交通不便，其下限相当于天然降雨中的暴雨
⑤	中雨区	0.5~10	相当于天然降雨中的中雨和大雨，一般对生活、办公设施不产生灾害
⑥	小雨区	<0.5	在雾化分区中属水雾扩散区，相当于自然降雨中的小雨

综合上述研究成果，作者认为：①雾化降雨的分区最初是参考气象学的相关标准来定义的，然而随着水电工程泄洪规模的不断扩大，雾化降雨强度远远超过自然降雨，基于气象学的分区标准不再适用；②从水力学及岩土力学的角度看，自然降雨对于水利工程与岸坡稳定的影响相对较小，而泄洪形成的短时间内高强度雾化降雨则具有较大的危害。

因此，对于泄洪雾化降雨的分级与分区，应当考虑将降雨强度上限适当上调，同时进一步细化，故建议采用表 13-2 的划分方法。

13.2 泄洪雾化的分区防护措施与原则

按照现行的混凝土拱坝设计规范[9]，对采用挑流泄洪方式的工程，其雾化降雨区内的岸坡可按照表 13-3 的要求进行防护，其中对于雨强在 40 mm/h 以上的雾化区域，未作进一步规定。

根据已建工程泄洪雾化的原型观测资料，分析和评价各级雾化降雨、雾流对工程及周围环境的影响，并总结各种防护措施的实际应用效果[10]，对于雾化影响各分区内的工程布置及防护设计，建议遵循以下一般性原则：

（1）强溅水区（>600 mm/h）：雾化降雨强度高，危害性大，破坏力强，雨区内空气稀薄，能见度很低。通常该级雾化降雨的影响范围不大，

表 13-3　雾化降雨强度分区与防护措施

序号	分区	降雨强度 Q（mm/h）	防护措施
1	水舌裂散与激溅区	$Q > 40$	混凝土护坡，设马道、排水沟
2	浓雾暴雨区	$10 < Q < 40$	混凝土护坡或喷混凝土护坡，设马道、排水沟
3	薄雾降雨区	$2.0 < Q < 10$	边坡不需防护，但电气设备需防护
4	淡雾水气飘散区	$Q < 20$	不需防护

影响区内的两岸边坡应当采取混凝土护坡加应力锚杆进行处理；电站厂房、开关站等枢纽建筑物及附属设施不可布置在该区之内；泄洪时该区内绝对禁止人员和车辆通行。

（2）特大暴雨区(100~600 mm/h)：雨区内空气稀少，能见度低。雾化降雨可能会引起山体滑坡，故两岸边坡需要混凝土护坡保护，并设置排水孔，防止出现淘刷破坏；电站厂房、开关站、高压线和电站出线口等建筑物均不能布置该区内；交通洞进出口和公路等建筑物的布置也要避开该雨区或设置防护廊道；泄洪时该区内禁止人员和车辆通行。

（3）大暴雨区(50~100 mm/h)与暴雨区(10~50 mm/h)：对雨强小于50 mm/h的雾化雨区，两岸应采用喷混凝土护坡，进行加固处理；对雨强为50~100 mm/h的雾化雨区，岸坡采用混凝土护坡，并增设马道、排水沟；电站厂房、开关站、高压线和电站出线口等建筑物均不能布置在该区内；交通洞进出口和公路等建筑物的布置需避开该雨区或设置防护廊道；泄洪时该区内应限制人员和车辆等通行。

（4）中雨区(0.5~10 mm/h)：边坡一般不需要特殊的雾化防护措施，电站厂房、开关站、高压线、电站出线口等建筑物不能布置在该区内；交通洞进出口和公路等建筑物的布置需要尽量避开该区或采取相应的防护措施；办公楼和生活设施均不能布置在该区。

（5）小雨区(<0.5 mm/h)：分布范围广，雾流仅对开关站、高压线路、两岸交通及周围办公和生活等存在影响，这些建筑物一般要求布置在雾流影响区外。若受条件限制不能避开雾流影响区，需要采取必要的防雾措施。

13.3 白鹤滩水电站雾化影响分析实例

13.3.1 雾化分区及岸坡防护分析

白鹤滩水电站的大坝上下游水头差超过200 m，水舌入水流速达到50 m/s量级，泄洪流量高达30 000 m³/s，单孔泄量高达1 600 m³/s，上述指标在目前国内同类工程中居领先地位。同时，坝身下游河谷狭窄，坝身泄洪所形成的水气两相流将沿着河谷与两岸岸坡输运爬升，由此在坝下游形成长约1 200 m，宽约600 m的雾化区。表13-4为6组泄洪工况下各级雨区的分布范围。其中，坝身泄洪雾化降雨区范围包括雾雨区在下游河谷的最大横向宽度及距离坝顶零点的纵向长度，爬升高度指雨雾边界相对水面的最大高度；泄洪洞雾化降雨区的范围包括沿河谷的斜向宽度与距离2#泄洪洞出口零点的纵向距离。图13-1~图13-6为各组工况下泄洪雾化分区防护范围。其中，中雨区的分区防护边界取1 mm/h降雨强度等值线，小雨区则无须防护。各分区的防护标准说明如下：

强溅水区①内，岸坡防护应按照河岸防冲标准进行设计，如采用混凝土护坡加应力锚杆加固，由于该区域主要位于水垫塘内，其设计标准不但考虑了水流防冲问题，还包含了板块稳定与脉动压强等问题，因此相对于雾化防护标准是偏于完全的。

特大暴雨区②内，该雨区范围较大并形成坡面径流，原则上均应采用混凝土护面并设置马道与排水沟，防止淘刷及失稳。根据设计提供的资料，该区内两岸岩石风化卸荷作用较强，左岸风化、卸荷深度普遍大于右岸，为此需要大规模的开挖与加固，如此两岸岸坡有所变缓，导致雨雾爬升高度进一步增加。为此，建议采用混凝土护面加应力锚杆加固。泄洪洞出口对岸部分河岸也位于该区域内，建议对其进行必要的防冲加固，治理区域可沿用设计提出的白鹤滩村开挖整治方案。

大暴雨区③和暴雨区④内，坝下左右两岸岸坡陡峻，同时该处降雨强度仍大大超过自然降雨，坡面径流及裂隙下渗明显。鉴于左岸岩石风化、卸荷作用较强，建议仍采用混凝土护面加应力锚杆加固，并注意缝间止水，防止淘刷。泄洪洞出口对岸为一坡地，整体稳定性较好，可对位于该区域内的坡地覆盖层进行必要的清理与加固。

表 13-4　溢洪道各泄洪工况下雾化雨区各分区的分布范围

工况	级别	分区名称	降雨强度 (mm/h)	横向宽度 (m)	纵向距离 (m)	爬升高程 (m)	爬升高度 (m)
I	①	强溅水区	>600	<206	<467	<640	<12
	②	特大暴雨区	100~600	206~336	467~681	640~710	12~82
	③	大暴雨区	50~100	336~378	681~761	710~750	82~122
	④	暴雨区	10~50	378~463	761~914	750~800	122~172
	⑤	中雨区	0.5~10	463~620	914~1 177	800~880	172~252
	⑥	小雨区	<0.5	>620	>1 177	>880	>252
II	①	强溅水区	>600	<201	<463	<640	<16
	②	特大暴雨区	100~600	201~326	463~678	640~710	16~86
	③	大暴雨区	50~100	326~367	678~748	710~750	86~126
	④	暴雨区	10~50	367~446	748~900	750~790	126~166
	⑤	中雨区	0.5~10	446~600	900~1 171	790~870	166~246
	⑥	小雨区	<0.5	>600	>1 171	>870	>246
III	①	强溅水区	>600	<198	<461	<630	<10
	②	特大暴雨区	100~600	198~322	461~670	630~700	10~80
	③	大暴雨区	50~100	322~366	670~748	700~740	80~120
	④	暴雨区	10~50	366~451	748~894	740~790	120~170
	⑤	中雨区	0.5~10	451~576	894~1 112	790~860	170~240
	⑥	小雨区	<0.5	>576	>1 112	>860	>240

工况	级别	分区名称	降雨强度 (mm/h)	横向宽度 (m)	纵向距离 (m)	爬升高程 (m)	爬升高度 (m)
IV	①	强溅水区	>600	<103	<293	<610	<2
	②	特大暴雨区	100~600	103~226	293~471	610~650	2~42
	③	大暴雨区	50~100	226~262	471~537	650~690	42~82
	④	暴雨区	10~50	262~349	537~670	690~730	82~122
	⑤	中雨区	0.5~10	349~455	670~905	730~800	122~192
	⑥	小雨区	<0.5	>455	>905	>800	>192
V	①	强溅水区	>600	<148	<430	<625	<14
	②	特大暴雨区	100~600	148~273	430~630	625~680	14~69
	③	大暴雨区	50~100	273~326	630~700	680~700	69~89
	④	暴雨区	10~50	326~395	700~841	700~760	89~149
	⑤	中雨区	0.5~10	395~495	841~1 041	760~830	149~219
	⑥	小雨区	<0.5	>495	>1 041	>830	>219
VI	①	强溅水区	>600	<280	<266	<611	<1
	②	特大暴雨区	100~600	280~411	266~453	611~640	1~30
	③	大暴雨区	50~100	411~466	453~525	640~646	30~36
	④	暴雨区	10~50	466~576	525~626	646~680	36~70
	⑤	中雨区	0.5~10	576~749	626~802	680~750	70~140
	⑥	小雨区	<0.5	>749	>802	>750	>140

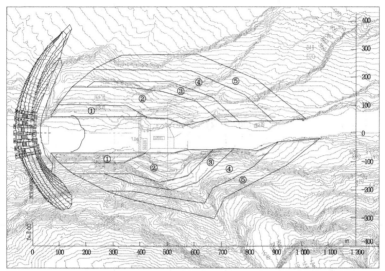

图 13-1　白鹤滩水电站校核洪水工况下泄洪雾化分区防护范围

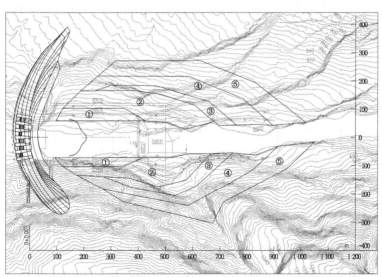

图 13-2　白鹤滩水电站设计洪水工况下泄洪雾化分区防护范围

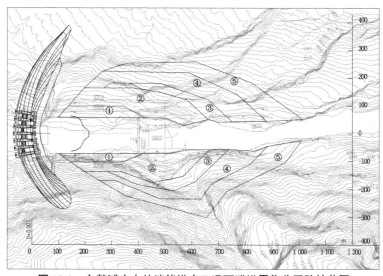

图 13-3 白鹤滩水电站消能洪水工况下泄洪雾化分区防护范围

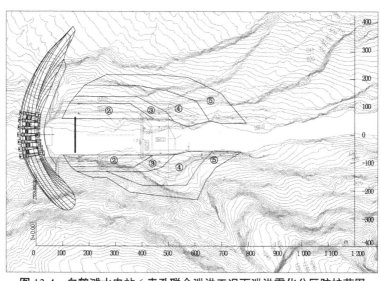

图 13-4 白鹤滩水电站 6 表孔联合泄洪工况下泄洪雾化分区防护范围

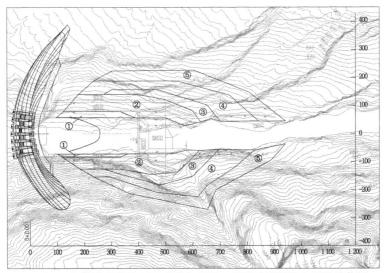

图 13-5　白鹤滩水电站 7 深孔联合泄洪工况下泄洪雾化分区防护范围

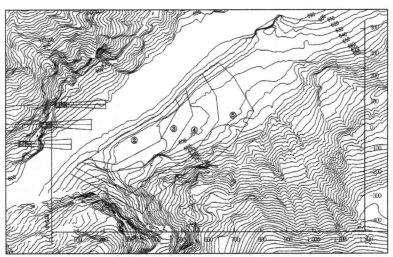

图 13-6　白鹤滩水电站 3 条泄洪洞联合泄洪工况下泄洪雾化分区防护范围

对于中雨区⑤内边坡，降雨强度接近于天然情况，原则上无须进行雾化防护。设计方面对于水垫塘下游消能区河岸，为防止水流淘刷，进行了必要的开挖与防护，如其位于雾化影响区域内，自然满足雾化防护要求。泄洪洞出口对岸，干沟沟口下游760 m 高程以上有 13# 堆积体，总方量约 4.3×10^5 m³，其下部位于雾化小雨区边缘，降雨强度为 1~2 mm/h，根据资料，坝区年降雨量达 800 mm/h，堆积体本身含水量较大，抗滑稳定受雾化降雨影响较小。为安全起见，建议对当地降雨量与堆积体稳定性进行复核，如果连续干旱且处于临界稳定状态，则需要进行清理，防止由于雾化降雨导致湿陷滑落。

13.3.2 泄洪雾化对电站运行及交通安全的影响

13.3.2.1 泄洪雾化对厂区交通的影响

电站泄洪过程中，坝下 635~640 m 高程处的明挖公路将处于暴雨区内，在消能洪水工况下，左岸厂区交通洞上游出口处(相对于坝顶零点的坐标为(676，118))，降雨强度达 50 mm/h；右岸厂区交通疏散公路隧道上游出口处(相对于坝顶零点的坐标为(576，−134))，降雨强度接近于 100 mm/h。同时，下游支线公路交通洞入口(左岸(844，110)，右岸(859，−103))处，降雨强度约为 5 mm/h。在表孔单独泄洪条件下，上游交通洞出口处降雨强度仍为 5~15 mm/h，属自然大暴雨范围。因此，坝身泄洪，特别是表、深孔联合泄洪期间应禁止通行。

13.3.2.2 泄洪雾化对电厂尾水出口的影响

联合泄洪工况下，电厂尾水 1#、2#出口位于雾雨区内，但该处降雨强度仅为 6 mm/h 与 2 mm/h 左右，在表孔单泄与深孔单泄工况下，则不受雾化降雨影响。因此，在电厂运行过程中，人员通行至此应无大碍。为防止上部岩体或覆盖层滑落危及电厂出口安全，需对上部岸坡进行必要的清理和加固，具体范围可见图 13-1~图 13-5。

13.3.2.3 泄洪洞下游交通雾化影响

泄洪洞下游两岸，650~660 m 高程处均有支线公路，当3孔泄洪洞运行时，本岸(左岸)一侧支线道路不受影响，降雨强度在 1 mm/h 以下。然而，对岸支线公路部分区段处于雾化暴雨范围内，降雨强度自下游向上游逐渐增大，至 3#泄洪洞对岸，降雨强度可达 40 mm/h 左右，届时右岸交通将中断。因此,应当选择合理的位置修建大桥,沟通左右两岸交通,从而绕过该雾化雨区。

13.3.2.4　左岸 11#崩坡堆积体

从各组工况下雾化范围计算结果来判断,坝身雾化范围最远不超过 1.4 km,而左岸 11#崩坡堆积体位于坝下游 1.5~2.0 km,即在坝身泄洪雾化雨区与泄洪洞雾化雨区(坝下 2.5~3.3 km)之间,因此不受雾化暴雨影响。

13.3.2.5　泄洪雾化对坝区桥梁的影响

白鹤滩坝区下游河段在 1.5 km、3.9 km 和 4.5 km 处拟建或已建 3 座桥梁。由泄洪雾化计算结果可知,坝区雾化雨区与泄洪洞雾化雨区之间相距约 1.1 km,即坝下 1.4~2.5 km 河道不受上下游雾化降雨的影响,因此在坝下 1.5 km 处修建大桥较为合理;泄洪洞雾化雨区位于坝下 2.5~3.3 km,因此在坝下游 3.9 km 处修建大桥将不受雾化影响,当泄洪洞运行时,可通过上述 2 桥绕过右岸雾化区;坝下游 4.5 km 处的公路桥,距离泄洪洞雾化区较远,雾化影响可忽略不计。

13.4　小　结

本章通过对已有研究成果的总结,给出了泄洪雾化分区的量化指标、防护设计原则及安全措施。结合白鹤滩电站雾化问题,对工程下游主要建筑物、两岸岸坡、交通设施及滑坡体等可能遭遇的雾化降雨强度进行定量预报,提出了具体的分区防护建议。

参 考 文 献

[1] 梁在潮. 雾化水流计算模式[J]. 水动力学研究与进展,1992,7(3).

[2] 肖兴斌. 高坝挑流水流雾化问题研究综述[J]. 长江水利教育,1997,14(1).

[3] 周辉,吴时强,等. 泄洪雾化的影响及其分区和分级防护初探[C]//第二届中国水力学与水利信息学学术大会论文集. 南京:南京水利科学研究院,2003.

[4] 林可冀,刘永川. 安康水电站泄水建筑物的水力学原型观测[J]. 水力发电,1994(1).

[5] 练继建，刘昉. 洪水水电站泄洪雾化数学模型研究[C]//第二届中国水力学与水利信息学学术大会论文集. 天津：天津大学建筑工程学院，2004.

[6] 刘继广，张友科. 黄河李家峡水电站泄流雾化降雨观测报告[R]. 国家电力公司西北勘测设计研究院，中国水利水电科学研究院，1998.

[7] 柴恭纯，陈惠玲. 高坝泄洪雾化问题的研究[J]. 山东工业大学学报，1992，22(3).

[8] 刘之平，刘继广，郭军. 二滩水电站高双曲拱坝泄洪雾化原型观测报告[R]. 北京：中国水利水电科学研究院，2000.

[9] 水电规划设计标准化技术委员会. DL/T 5346—2006，混凝土拱坝设计规范[S]. 北京：中国电力出版社，2007.

[10] 张尚信，吕祖衔. 泄洪消能雾化对边坡稳定及工程设施的影响[R]. 西安：国家电力公司西北勘测设计研究院，1999.